実務で役立つ Excel関数 を擬人化したら？

関数ちゃんと学ぶ

エクセル

仕事術

JN026713

筒井.xls & できるシリーズ編集部

インプレス

まえがき

　エクセルはその便利さゆえ、業務で使うことが当たり前のようになっています。そのため、就職や転職を機に、何の準備もなく使わざるをえない状況になった方も多いのではないでしょうか。また、業務におけるエクセルの比重が思った以上に大きく、苦労している方もいるでしょう。

　本書は、読者の方々が「それ何って……関数ちゃんの本で学んだ知識を使っただけだけど？」と、業務を軽くこなせるようになることを目指して執筆しました。新米経理職員のキュウさんが、先輩のシノさんと Excel 関数の擬人化キャラクター「関数ちゃん」とのコミュニケーションを通してレベルアップしていくストーリーを軸に、エクセルを使った業務に役立つ情報を散りばめた内容になっています。

　Excel 関数の本来の姿は、文字の羅列です。しかし、それらを顔の見えるキャラクターにすることで、「関数って難しそう」「数学は苦手だけど大丈夫かな？」といった不安を和らげ、学習のハードルを下げる効果を期待しています。業務でよく行う処理が得意な関数ちゃんから読み始めてもいいですし、巻末に収録した「関数ちゃんプロフィール」を見て、名前や外見が気になるキャラクターから読んでもいいでしょう。

　はじめは業務上の必要性にかられて学習に取り組むかもしれませんが、エクセルは万能なツールなので、ゲームなどの趣味を極めるために使ったり、好奇心のまま知識を深めてみたりするのも楽しいものです（ちなみに、この文章はLEN 関数で文字数を数えながら書いています）。本書が読者の方々の人生をより豊かなものにする一助となることを願っています。

　エクセルを楽しく学ぶ新しい入り口を作りたい、誰かの最初の一歩を手助けしたいと思ってはじめた関数ちゃんの情報発信でしたが、私自身の根拠のない自信だけでは、Twitter やブログなどでの活動を継続することはできなかったと思います。温かい応援をいただき、心強い自信を与えてくださったすべての方々に心より感謝いたします。

　末筆とはなりますが、本書の執筆にあたり機会を与えてくださった小渕隆和さん、本文・サンプル・数式・デザインの細部にわたりアドバイスをくださった今井孝さん、カバーをはじめ素晴らしいデザインを仕上げてくださった山之口正和さんに、この場を借りてお礼申し上げます。

2023 年 2 月　筒井 .xls

キュウ

経理業務の新人。
エクセルは学校で少し触ったことがある程度。
早く知識を吸収して仕事に役立てたいと考えて
いる。

シノ

キュウの教育係。
関数ちゃんと仲良くなって、
効率よく仕事ができるようになった。

関数ちゃん

Excel関数の擬人化キャラクター。
エクセルの中に住んでいるとかいないとか。
さまざまな特技を生かして実務を助けてくれる。

Contents

Sheet 1 | 関数ちゃん、エクセル作業を救う

Sheet
3 | 時を駆ける関数ちゃん

Sheet **5** コピペはいらない。
私が整えるから

Sheet
6

ターゲット、ロックオン!

Sheet 7 関数ア・ラ・カルト

Appendix 関数ちゃんプロフィール 246

練習用ファイルのダウンロード方法

本書に掲載しているエクセルファイルの作例を、読者のみなさまに「練習用ファイル」として提供いたします。関数の動作を確認したり、実際に入力・編集したりしてご活用ください。練習用ファイルは、インプレスブックスのページにある［特典］からダウンロードできます。

https://book.impress.co.jp/books/1122101134

※ダウンロードには Club Impress への
　会員登録（無料）が必要です。

······················· Webでも情報発信中! ·······················

関数ちゃんブログ
https://aka-aca.com/

※本書のストーリーと解説は、
　ブログとは別に書き下ろした
　ものです。

本書の情報は、すべて 2023 年 2 月現在のものです。
本書では「Windows 10」に「Microsoft 365」がインストールされているパソコンで、インターネットに常時接続されている環境を前提に画面を再現しています。

関数ちゃん 小劇場

関数とは？

筒井.xls

関数ちゃん、エクセル作業を救う

エクセルに向かい合うとき、
あなたはひとりではありません！
私たち「関数ちゃん」が
さまざまな特技を生かして
ばっちりサポートします！

経理に来て最初の仕事はエクセルかぁ～。
早く先輩がたに追いつかないと、って……

「VLOOK……」「3」「FALSE」……?
ここには部門が入ってるんじゃないの……??
削除して入力し直していいのかな……???

引き継いだファイルに関数式が入力されている……

C2			∨	:	×	∨	f_x	=VLOOKUP($B2,$F$1:$H$11,3,FALSE)			
	A	B	C	D	E	F	G	H	I	J
1	日付	商品コード	単価	数量		商品コード	名称	単価		
2	4月3日	A001	110	110		A001	ドキドキペン	110		
3	4月3日	A001	110	110		A002	ハートペン	120		
4	4月4日	A002	120	120		A003	スマイルペン	100		
5	4月4日	B002	100	100		B001	トロピカルペン	130		

キュウさん、さっきから固まってますけど大丈夫ですか?
なるほど、これは関数ちゃんを……
いや、関数を使った表引きの数式ですね。

シノさん、ちょうどいいところに!
そうなんです、関数らしきものが入っていて……
ん? いま「関数ちゃん」って言いました?

（あっ、しまった）
え、ええ。実はある日、エクセルの数式のエラーを解決したら、
関数のみなさんが仕事を手伝ってくれるようになりまして……

へぇ〜、関数のみなさんが恩返しをしてくれるなんて素敵ですね！
……って、そんなことあるんですか！？

それ以来、私は彼女たちのことを
「関数ちゃん」と呼んでいるんです。

いやいやいや……
関数のみなさんが仕事を手伝ってくれるなら、
私もぜひ会ってみたいですよ！

それでは、さっそく会ってみますか？
ここに「=SUM(B2:B8)」と入力してみてください。

え〜と、「=SUM(B2:B8)」っと……

はじめまして！ SUMです。
特技は、数値を足し算して結果を返すことです！
使用頻度が高く、表計算には欠かせない存在と言われています。
応援よろしくおねがいします！

はじめまして……って、えぇ〜！？
誰か出てきました！

これから、とっても頼りになる関数ちゃんたちを紹介します。
いろいろな関数ちゃんと仲良くなって、
エクセルの仕事をラクに、速く、正確にクリアしていきましょう！

Episode 01

先輩、エクセルから女の子が！

製造部門から経理へと異動することになったキュウ。エクセルをほとんど使ったことがない彼女だが、そんなことはおかまいなしに次々と仕事が舞い込んでくる。そこに颯爽と現れたのは、エクセル関数のアイドル「SUMちゃん」だった。

関数ちゃん颯爽登場

シ、シノさん！ この子はいったい……！？
しかも数式を入力したところに、合計が表示されています！

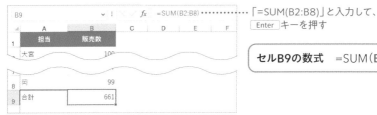

「=SUM(B2:B8)」と入力して、Enter キーを押す

セルB9の数式 =SUM（B2:B8）

この子は「SUMちゃん」です！
関数の中の関数として、ヘビーローテーション間違いなしです。
知名度ナンバーワンのアイドル的存在なんですよ。

SUMちゃん……SUM関数！
確かに学校で習いました！ でも、使い方を思い出せなくて……

まずは、私たち関数ちゃんの特技を覚えてくださいね！
私は「合計を求める」のが特技。分かりやすい特技なので、
最初に覚えるエクセル関数として紹介してもらうことが多いです。

あらためまして、自己紹介です!
エクセル関数のアイドルとして、
みなさんに広く認知されています。

SUMちゃん

特技

指定したセル範囲の数値を合計する。空のセルや文字列は無視する。

関数ちゃんの力を借りるには、それぞれの関数で決められた
「構文」に従って、数式を記述します。
SUMちゃんの構文はこちらです!

私は親しみやすさををモットーにしているので、
構文もとても、シンプルなんですよ〜!

説明しよう！ SUM関数の構文

=**SUM**（数値1, 数値2, ... , 数値255）

[数値]には合計を求めたい数値を指定する。「A1:A3」のようにセル範囲も指定できる。[数値]に空のセル範囲や文字列が含まれる場合は無視される。

この構文をエクセルに書くと、
SUMちゃんに助けてもらえるということなんですね!

関数ちゃんを呼ぶための数式は「関数式」とも言いますが、
記述方法にはいくつかのルールがあるので、覚えておいてください。
慣れればそんなに難しくないですよ！

関数式の記述ルール

=関数名(引数)

- 先頭に半角の「=」を入力する
- 関数名は関数によって異なる
- 引数(ひきすう)を囲む「(」「)」は半角で入力する

ひきすう？ カッコで囲むとありますが、「引数」とは何ですか？

引数は、関数ちゃんに「これを使って計算してね」と渡すものです。
関数ちゃんによっては、複数の引数を受け取ることができて、
数式内で「何番目に渡されたか？」によって使い道を判断します。

引数とは？

=SUM(B2:B8)

関数名　　引数

引数(ひきすう)とは、関数が処理するためのデータのこと。SUM関数では数値、もし
くは数値の入力されたセル範囲を指定するが、関数によって引数に指定するデータ
は異なる。

私は、渡された引数はすべて足し算に使う数値として認識します。
例えば、引数を2つ指定して「=SUM(A1,B1:D1)」としても、
引数を3つ、4つと増やしても、すべて合計します。

（そろそろ話してもいいかな……）
私はVLOOKUP、探偵よ。
さっき、私が入力されたシートを見て固まってましたね？

わわ、関数ちゃんがもうひとり出てきました！

VLOOKUPちゃんは、SUMちゃんと並んで知名度のある関数ですね！
でも、SUMちゃんとは対照的に、使いこなすのが難しくて有名です。

そうですね……私の構文には引数が4つありますから。
しかも「何番目に渡されたか？」によって、異なる役割の引数として
認識します。例えば、こんな関数式になるんですよ。

説明しよう！ ## 引数の記述ルール

=VLOOKUP(A3, A7:C17, 2, FALSE)

- 複数の引数を指定するときは「,」(カンマ)で区切る
- セル範囲は最初のセルと最後のセルを「:」(コロン)でつなぐ
- オプション扱いで省略できる引数もある

う〜ん、なんか一気に難しくなったような……

まぁ、VLOOKUPちゃんをマスターすることは、
エクセル使いにとって「ひとつのゴール」ですからね。
今のところは、引数の書き方のルールを覚えておいてください。

というわけで、私の特技はまたあとで説明しますね(P.174参照)。
あ、関数式に含まれる「=」(イコール)やカッコ、「,」(カンマ)、
「:」(コロン)はすべて「半角」にするのを忘れないでくださいね！

関数ちゃん、キミに決めた！

> 行ってしまいました……VLOOKUPちゃんとは、まだ距離を感じます。
> そもそも、どういうときにどんな関数を使えばいいのか分かりません。
> シノさん、このシートも見てもらえませんか？

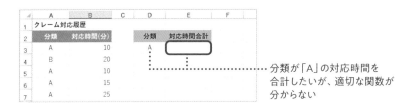

分類が「A」の対応時間を
合計したいが、適切な関数が
分からない

> ふむふむ、クレームの分類を条件にして、数値を合計したいのですね。
> 「関数ちゃんに何をしてほしいのか？」を言語化するには、
> 対象となる業務を必要な処理に分解するといいですよ！
> 例えば、代表的な業務はこのような処理に分解できます。

説明しよう！ ## 代表的な業務と必要な処理

■ データの集計
指定した条件を満たすデータの合計やカウントのほか、最大値や最小値を求めたり、順位を付けたりする処理。

■ 日時の処理
○日後の日付を求める、翌月の同日や月末日を自動入力する、平日のみを数えるなど、日付や時刻に関する処理。

■ 条件分岐
「もし〜なら」という条件を満たすときと、満たさないときで計算を変更する処理。

■ 文字列操作
テキストの一部を取り出す、文字列を連結する、空白をまとめて削除するなど、セルに入力された文字列を操作する処理。

■ データの抽出
あるセルに入力された値に対応するデータを取り出す、条件を満たすデータに絞り込むなど、特定のデータを取り出す処理。

ここからは代表的な業務に沿って、
私が特に仲良しな関数ちゃんを紹介しましょう！
「データの集計」を助けてくれるのは、COUNTAちゃんとSUMIFちゃんです！

COUNTAだ。
対象のセル範囲に入力済みのデータがいくつあるのか知りたい？
それなら私が数えてきてやるよ。

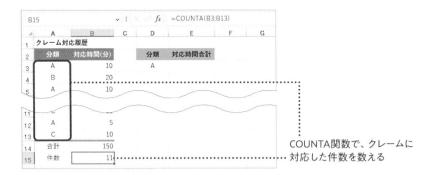

COUNTA関数で、クレームに
対応した件数を数える

私はSUMIFです。
売上データから指定した商品の売上だけを合計した金額が知りたい！
そんな希望に応えます！

SUMIF関数で、分類が「A」の
対応時間を合計する

先ほど困っていた「分類を条件に数値を合計」は、
SUMIFちゃんが何とかしてくれそうですね。

計算する、数える、区別する、探す……
関数ちゃんはいろいろな特技を持っているんですね！

でも、たくさん覚えないといけませんよね。
暗記は苦手なのですが、頑張って覚えるしかないのでしょうか?

確かに多くの関数ちゃんがいますが、すべてを覚える必要はありません。
私も顔見知りの関数ちゃんは数十人、といったところでしょうか。

さぁ、どんどんいきますよ! 次は「日付の計算」です。
YEARちゃん、MONTHちゃん、DAYちゃんの三人娘と、
いつも冷静なNOWちゃんを紹介します。

「日付を年、月、日に分けたい」
「ある日付から翌月10日を表示させたい」
そんなときは私たちにおまかせください!

YEAR関数、MONTH関数、DAY関数で、
分割した日付や翌月10日などを求められる

「=NOW()」と入力。これだけで現在の日時をセルに表示します。
印刷した日時を残したいとき、現在の時刻とある時刻の差を
計算するときなどに役立ちます。

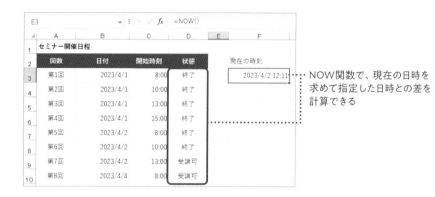

NOW関数で、現在の日時を
求めて指定した日時との差を
計算できる

私が面倒でほったらかしにしていたシートが、
あっという間に完成していきます……！

今度は「条件分岐」。といえばIFちゃんです。
彼女を扱うにはちょっとコツが必要ですよ？

関数で万能感を感じたいなら私、IFを呼ばれたし。
引数に与えられた条件を判定し、お望みの結果を返そう……

IF関数で、得点から評価を判定する

IFちゃんからただならぬ雰囲気を感じます。
でも、関数ちゃんたちの特技を聞いていると、
私にももっとエクセルを使いこなせそうな気がします！

「文字列操作」は、LEFTちゃんやCONCATちゃんの得意分野です。
文字を処理する操作も、彼女たちの力を借りれば
あっという間に終わりますよ！

私はLEFT。文字列の一部に意味があるとき、
先頭の数文字が欲しいと言われることがあるわ！
日付の年や月が欲しい？ それはYEARやMONTHに頼むことね。

LEFT関数で、商品コードの先頭から
指定した文字数分を取り出す

CONCATです。
大量のセルに入力されている文字列を結合してほしいと頼まれます。
「&」で1つ1つ連結するのは骨が折れますにゃ。

E2			fx	=CONCAT(A2:D2)		
	A	B	C	D	E	F
1	都道府県	市区町村	町丁目	番地	住所（連結後）	
2	宮城県	富谷市	成田一丁目	X-X-X	宮城県富谷市成田一丁目X-X-X	
3	山形県	山形市	江俣三丁目	X-X-X	山形県山形市江俣三丁目X-X-X	
4	東京都	港区	芝浦一丁目	X-X-X	東京都港区芝浦一丁目X-X-X	

CONCAT関数で、複数のセルに入力されている
文字列をまとめて連結する

都道府県や市区町村で分かれた住所をつなげる処理、あるあるですね！
関数ちゃんの出番は計算だけじゃないんだ……

最後は「データの抽出」です。さっき帰ってしまった
VLOOKUPちゃんの特技もこの処理です。彼女はとても多忙なんですよ。
でも最近、強力なライバルが現れてしまって……

我が名はXLOOKUP。世間では「大怪盗」と評されている。
検索列の右でも左でも、ご希望の値を難なく盗み出してみせよう。
「商品マスターから商品コードに該当する値を見つけたい」といった
依頼が多いかしらね。

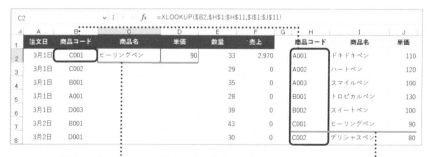

C2			fx	=XLOOKUP($B2,$H$1:$H$11,$I$1:$J$11)						
	A	B	C	D	E	F	G	H	I	J
1	注文日	商品コード	商品名	単価	数量	売上		商品コード	商品名	単価
2	3月1日	C001	ヒーリングペン	90	33	2,970		A001	ドキドキペン	110
3	3月1日	C002			29	0		A002	ハートペン	120
4	3月1日	B001			35	0		A003	スマイルペン	100
5	3月1日	A001			28	0		B001	トロピカルペン	130
6	3月1日	D003			39	0		B002	スイートペン	100
7	3月2日	B001			43	0		C001	ヒーリングペン	90
8	3月2日	D001			30	0		C002	デリシャスペン	80

XLOOKUP関数で、商品コードに対応する商品名を取り出す

以上、代表的な業務を助けてくれる関数ちゃんでした。
今度は何をお願いしようかな〜？
自分で紹介していてワクワクしてきましたよ！

シノさんのピンポイント解説！

ここまでで10人ほどの関数ちゃんを紹介しましたが、ひとりではなく、複数の関数ちゃんが協力して助けてくれることもあります。詳しくは以降のエピソードで紹介しますが、代表的なチームを知っておいてください。

関数ちゃんはチームでも活躍する

関数の組み合わせはいくつも考えられますが、決まった「チーム」で利用することがほとんどです。例えば、IF関数に「AかつB」のような複数の条件を与えるときにはAND関数、VLOOKUP関数のエラーを回避するときにはIFERROR関数を組み合わせます。

■ 代表的な関数の組み合わせ例

組み合わせ	入力する関数式の例	目的
IF & AND	=IF(AND(B3="A",B4>10),"VIP会員","一般会員")	「AかつB」の条件で処理を分岐
IF & OR	=IF(OR(B3>60,B4>C),"合格","不合格")	「AまたはB」の条件で処理を分岐
IF & ISERROR	=IF(ISERROR(D2),"",D2)	セルの値がエラーかどうかを判断して処理を分岐
DATE & YEAR & MONTH	=DATE(YEAR(G3),MONTH(G3)+1,10)	基準日から目的の日付を取得
DAY & TODAY	=DAY(TODAY())	今日の日付から「日」を取得
IFERROR &VLOOKUP	=IFERROR(VLOOKUP(A10,A2:F10,2,FALSE),"該当なし")	VLOOKUPで該当する値がない場合の処理を分岐
ROUND & AVERAGE	=ROUND(AVERAGE(G6:G8),1)	平均値の小数点以下を四捨五入

エクセル関数は全部で510個！

本書執筆時点で、エクセルに用意されている関数は510個あります。これらは、データの分散や標準偏差を求める統計関数、金利計算や資産評価を求める財務関数などを含めた数です。一般的な事務処理なら、本書で紹介する関数だけでも十分に通用します。

相対参照と絶対参照

Episode 02

参照のかたち、結果のかたち

得意先に提出する必要がある、イベントブース制作の見積書の内訳を確認していたキュウ。そのエクセルファイル内で、見慣れない記号を発見した。数式の中に記載されているので、どうやら関数ちゃんに関係がありそうだが……

参照の中の「$」は何?

> シノさん、ちょっと気になってたことを教えてください。
> 数式の中に「\$B\$2」のように、セル番地に「\$」が付いているときと
> 付いていないときがあるんですが、どう違うんですか?

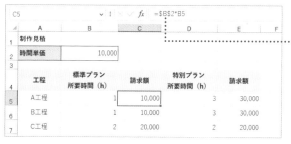

数式中のセル参照が
「\$B\$2」となっている

> 「\$」が付くときは「絶対参照」で、ないときは「相対参照」です。
> エクセルでは極めて重要なルールですね。
> 「絶対」マスターしてください!

> ……えっと……こういうことですよね?
> 名前以外に何が違うんですか?

相対参照を利用した数式	=B2*B5

絶対参照を利用した数式	=\$B\$2*B5

「参照方式」が違います。
さっきキュウさんが挙げてくれた左の数式は、相対参照です。
「数式が入力されたセルから見て、どの位置にあるセルを参照するか？」
というふうに参照先を指定する方式です。
右の数式は絶対参照。数式が入力されたセルの位置は関係なく、
「$B$2」ならセルB2を参照する、という方式になります。

悲しいけれど、それって相対参照なのよね

相対参照で指定したときの問題は、数式をコピーしたときに
発生することが多いです。具体的な例を見てみましょう。

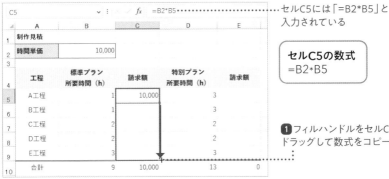

セルC5には「=B2*B5」と
入力されている

セルC5の数式
=B2*B5

❶ フィルハンドルをセルC9まで
ドラッグして数式をコピー

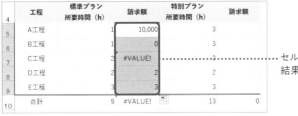

セル参照がずれて
結果がおかしい

そうそう、参照するセルがずれちゃって、計算がおかしくなるんです。
こういうことがよくあって、困ってます。
数行ならまだしも、たくさんのエラーを修正する時間もないですし……

でも、これは数式が入力されたセルからの参照先が「相対的」に
変化した結果であって、相対参照としては正しい動作なんですよ。
ミスするかもしれないので、手作業で修正するのはやめてくださいね。

先ほどの問題を解決するには、
いったん Ctrl + Z キーを押して元に戻しましょう。
そして、数式のセル番地を絶対参照に変更してからコピーすると、
このように正しく計算できます。

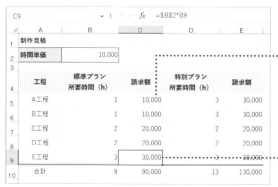

セルC5に絶対参照を利用
した数式を入力しておく

セルC5の数式
=$B$2*B5

数式をコピーしても絶対参照の
「$B$2」はずれない

あっ！ コピーした数式にちゃんとした結果が表示されています。
これが私のやりたかった操作です！

数式を下のセルにコピーしても、セルB2にある「時間単価」の数値が
ずれずに参照され続けるから、正しい計算ができるわけですね。
相対参照と絶対参照の切り替えには、以下の方法が便利です。

説明しよう！ 参照方式の切り替え

数式をコピーする際、コピー先にあわせてセル
参照をずらすなら「相対参照」（$なし）、ずらし
たくないなら「絶対参照」（$あり）で指定しよう。
「$」は直接入力しても構わないが、セル参照
にマウスカーソルをあわせて、F4 キーを押す
切り替え方法がオススメだ。F4 キーを押すた
びに参照方式が切り替わる。なお、列番号の
み、または行番号のみに「$」が付いた参照方
式は「複合参照」と呼ぶ。

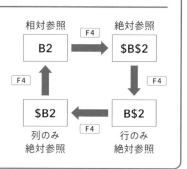

相対参照と絶対参照は、私たちの特技を使ううえでも大事なんです！
参照方式の違いをマンションの部屋に例えてみましょう。
シノさんとキュウさんが、自分がいる部屋の位置を
どのように表現しているかに注目してみてください。

メゾン・エクセル

401	402	403
301	302	
201	202	203
101	102	103

私の部屋は403号室

私の部屋は、
シノさんの部屋から
1つ左、2つ下

おふたりの部屋は
どこかな～？

シノさんの「403号室」は、ひと言で部屋の位置が分かりますよね。
このような表現が絶対参照です。
一方、キュウさんは「シノさんの部屋から1つ左、2つ下」と言っています。

私の言い方だと、シノさんの部屋の位置によって、
指し示す部屋が変わってしまいますね。

その通りです！この表現が相対参照ですね。相対参照は
「数式が入力されたセルから見て、どの位置にあるセルを参照するか？」
ですから、数式をコピーして入力されたセルが変われば、
参照先となるセルも変わる、というわけなんです。

なるほど！だから、「絶対」に参照したいセルは
絶対参照なのですね。

ところで、F4 キーを何度か押していると、
「$B2」や「B$2」のように片方だけに「$」が付きますよね。
これは、どんなときに使うのですか?

「$B2」や「B$2」は「複合参照」といって、列や行を固定するときに使います。
基準の「価格」に対して「割引率」を適用する例を見てみましょう。

セルB3には複合参照を利用した数式が
入力されている

セルB3の数式　=$A3*(1-B$2)

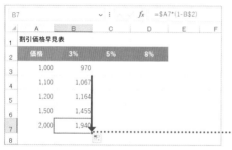

下方向へコピーするとセル参照は
「=$A3*(1-B$2)」
「=$A4*(1-B$2)」
「=$A5*(1-B$2)」
「=$A6*(1-B$2)」
「=$A7*(1-B$2)」
と変化する

右方向へコピーするとセル参照は
「=$A3*(1-B$2)」
「=$A3*(1-C$2)」
「=$A3*(1-D$2)」
と変化する

おおーっ! 下方向へのコピーは割引率が固定され、
右方向へのコピーは価格が固定されています!

ね? 参照方式の使い分けができると便利でしょう?
相対参照・絶対参照・複合参照の3つを、ぜひマスターしてください。

エラー!? あわてない、あわてない

参照方式も分かったことだし、数式をコピーっと……
うわわわわわ！ 急に計算の結果がおかしくなりました！
「#####」って表示されています！

工程	標準プラン 所要時間（h）	請求額	特別プラン 所要時間（h）	請求額
Aエ程	1	10,000	3	30,000
Bエ程	1	10,000	3	30,000
Cエ程	2	20,000	2	20,000
Dエ程	2	20,000	2	20,000
Eエ程	3	30,000	3	30,000
合計	9	90,000	13	#####

········ セルに「#####」と
表示された

キュウさん、落ち着いて！
それは列の幅が足りていないときのエラー表示です。
ドラッグして列の幅を広げましょう。

········ 列番号の境界線をドラッグして、
列の幅を広げる

工程	標準プラン 所要時間（h）	請求額	特別プラン 所要時間（h）	請求額
Aエ程	1	10,000	3	30,000
Bエ程	1	10,000	3	30,000
Cエ程	2	20,000	2	20,000
Dエ程	2	20,000	2	20,000
Eエ程	3	30,000	3	30,000
合計	9	90,000	13	130,000

セルの内容が
表示された

なんだ、そんな単純なことだったんですね。
はじめて見たのでビックリしちゃいました。

エクセルをたくさん使っていると、見かけることも多いですよ。
エラーにはちゃんと意味があるので、落ち着いて対処しましょう。

そういえば、物流部門からもらった表にも似たような表示が……
あっ、ありました！ この「#VALUE!」にはどんな意味があるんですか？
何だか怒られているみたいで怖いんですけど……

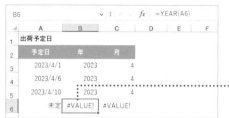

「#VALUE!」と
表示された

 エラーに詳しい関数ちゃんに教えてもらいましょう。
数式がエラーかどうかをひと目で見抜く、ISERRORちゃんです！

 「#VALUE!」は引数が正しくないときのエラーですね。
許可されていないものの所持は校則違反です！

エラーには必ず原因があります。
一緒に調べていきましょう！

イ　ズ　・　エ　ラ　ー
ISERRORちゃん

特　技
セルの内容がエラー値かどうかを調べて「TRUE」か
「FALSE」を返す。

説明しよう！ ISERROR関数の構文

=ISERROR イズ・エラー **(テストの対象)**

セルの内容がエラー値かどうかを調べる。[#DIV/0!] [#N/A] [#NAME?] [#NULL!]
[#NUM!] [#REF!] [#VALUE!] [#SPILL!] のいずれかなら「TRUE」、それ以外は
「FALSE」を返す。

引数が正しくないんですね！よく分かりました！！
分かりましたけど、やっぱり怒られてるような……

すみません。エラーかどうかを判定するのが私の仕事ですので。
ところで、こっちのシートにもエラーがあるようですよ？

「#NAME?」と
表示された

あっ、これ見たことあります。
確か、関数名がよく分からないまま入力したときに……

よく分からないまま入力しないでください。
「#NAME?」は関数名を間違えて入力したときのエラーで、
上の例のように「SUM」を「SAM」と入力したりすると表示されます。

ISERRORちゃんは以下のように、
引数に指定したセルがエラー値かどうかを教えてくれます。
おっと、また誰か来たようですよ？

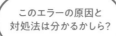

このエラーの原因と
対処法は分かるかしら?

IFERROR ちゃん

イフ・エラー

セルの内容や数式の結果がエラーかどうかを調べて、
エラーの場合に指定した値を返す。

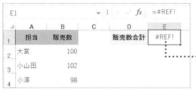

「#REF!」と
表示された

それは……適当にセルを削除しちゃったときに出たやつ!
エラーって入力したとき以外でも出るんですか……
というか、またまたエラーに詳しそうなこの子は誰ですか?

風紀委員長のIFERRORさんです! 見回りの時間でしたか。
私はエラーかどうかをお伝えすることしかできませんが、
IFERRORさんはエラーだった場合の対応を指揮できるんです。

説明しよう! **IFERROR関数の構文**

イフ・エラー

=IFERROR (値, エラーの場合の値)

セルの内容がエラー値かどうかを調べて、指定した値を表示する。[#DIV/0!] [#N/A]
[#NAME?] [#NULL!] [#NUM!] [#REF!] [#VALUE!] [#SPILL!] のいずれかなら [エ
ラーの場合の値]、そうでなければ [値] をそのまま返す。

エラー値はたくさんありますからね。分からないのも無理はないです。
次の表にエラー値の種類と原因をまとめたので、ぜひ見てください。
原因を理解して、落ち着いて対処することが肝心ですよ。

● エラー値の種類

エラー値	読み	エラーの原因
#DIV/0!	ディバイド・パー・ゼロ	数値を「0」で割り算している。参照するセルが空白の場合にも表示される。
#N/A	ノー・アサイン	数式の参照先に値が見つからないときなどに表示される。VLOOKUP関数の結果でよく見かける。
#NAME?	ネーム	「=sam」など、関数名が間違っている場合に表示される。なお、関数名は大文字と小文字の区別はしないため「=sum」はエラーにならない。
#NULL!	ヌル	数式中の「,」やセル参照の「:」が抜けてしまっている場合に表示される。
#NUM!	ナンバー	計算結果の数値が大きすぎる場合など、エクセルが扱える数値の範囲を超えている場合に表示される。
#REF!	リファレンス	数式の参照先である行や列が削除されたときなど、引数のセル参照ができない場合に表示される。
#VALUE!	バリュー	数値であるべきセルの値が文字列である場合など、引数のデータ型が間違っている場合に表示される。
#SPILL!	スピル	FILTERやSORT、XLOOKUPなどの関数は「スピル」（SPILL:あふれる、こぼれる）という機能に対応しており、1つのセルに入力した数式から、複数の結果をまとめて取得できる。スピルによる結果が表示されるセル範囲に、すでにデータが存在する場合などに表示される。「#スピル!」と表示されることもある。

よく分からない文字が表示されてあわてていましたが、
ちゃんと意味があったんですね！

IFERRORちゃんが言っていたように、エラー値には意味があって、
問題を解消するための道筋をつけるヒントにもなります。
すぅーっと深呼吸をして、落ち着いて向き合いましょう！

説明しよう！ **よく似た関数・ISERRに注意**

ISERROR関数とよく似た名前の「ISERR関数」がある。
読み方も同じ「イズ・エラー」だ。違いは [#N/A] を判定
できるかどうか。ISERR関数では [#N/A] をエラーと判
定せずに「FALSE」が返される。

隠されたエラー？

でも、残念ながら私たちでも見つけられない間違いもあります。
例えば、数式としては正しいけど、セル範囲が間違っている場合などです。

（うっ……ついやってしまいそう……）
そ、そういうときはどう対処したらいいですか？

セルを編集モードに切り替えて、引数のセル参照を確認して修正します。
修正を間違えた場合、Esc キーを押せば、
作業内容をキャンセルできることも覚えておきましょう。

…… エラー値は表示されていないが、
セル参照が間違っている

❶ F2 キーを押して、セルを
編集状態に切り替える

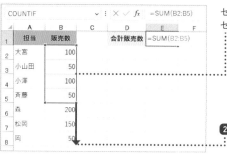

セルが編集状態に切り替わり、参照している
セル範囲が強調表示された

❷ ハンドルをドラッグして、参照範囲を修正

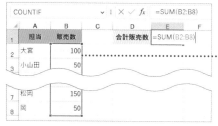

参照するセル範囲を
修正できた

❸ Enter キーを押して、
修正内容を確定する

数式の結果が意図したものにならないときは、エラー以外にも
こうしたミスの可能性を疑ってみることをおすすめします。

シノさんのピンポイント解説！

引数のセル範囲を修正する方法としては、先ほど紹介したドラッグ操作のほか、セルを直接修正することもできます。また、[関数の引数]ダイアログボックスを利用する方法もあるので、好みで使い分けてください。

[関数の引数]ダイアログボックスでセル範囲を修正する

[関数の引数]ダイアログボックスとは、関数の入力や引数の指定を助けてくれるエクセルの画面のことです。セルをドラッグする操作や、セルを直接編集するのが苦手な人は、以下の手順を参考にすると間違いを減らせるはずです。

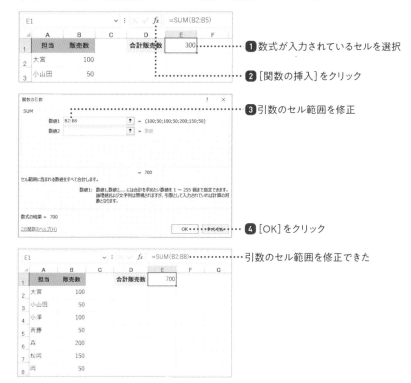

❶ 数式が入力されているセルを選択

❷ [関数の挿入]をクリック

❸ 引数のセル範囲を修正

❹ [OK]をクリック

引数のセル範囲を修正できた

何だか親切な感じがして、私にはあっているかも！

Episode 03

鉄則！関数ちゃんとの付き合い方

風紀委員の関数ちゃんたちから、エクセルのエラー値について教わったキュウ。それを見ていたシノは、エクセルの基礎知識がキュウにはまだ足りないことに気付く。関数ちゃんと付き合ううえで大切なことを教えたいようだが……

基本だから。4つのデータ型

キュウさん、エクセルを使っているときに、「データ型」を意識したことはある？

えーと、データ型ですよね。数字とか文字とか、そういうお話ですか？

うんうん。その通りですよ！でも、これから関数ちゃんと仲良くしていくためには、ざっくりじゃなくて、しっかり理解しておいてほしいことなのです。

私もデータ型、すごく気になります！「数値」なら足し算しますけど、「文字列」は無視しちゃいます。

私たちは「数値」じゃないとエラーでお返しします。

私はデータ型なんて細かいことを気にせずに、何でもカウントするけどな。

SUMちゃんと、YEARちゃん、MONTHちゃん、DAYちゃんは
データ型によって返す結果が変わっちゃうんですね!
COUNTAちゃんは、豪快というか何というか……

データ型は、関数を使いこなすうえで大事なルールのひとつです。
次の4つの種類があるので、覚えておいてくださいね。

◆数値　◆文字列

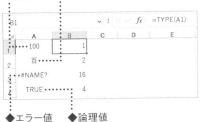

◆エラー値　◆論理値

私は違うけど、引数の
データ型をあわせないと
困ってしまう関数ちゃんは
少なくないよ。

■ 数値
「1000」「4.5」など、四則演算に利用できる値。

■ 文字列
表タイトルの「管理表」、評価の「A」など、セルに入力する文字の値。

■ エラー値
数式が間違っているときに表示される [#DIV/0!] [#N/A] [#NAME?] [#NULL!] [#NUM!]
[#REF!] [#VALUE!] [#SPILL!] などの値。

■ 論理値
「TRUE」(真)と「FALSE」(偽)の2種類で、二者択一を表現する値。ISERROR関数が返すの
も論理値となる。TRUEとFALSEの意味は状況によって異なる。

ちなみに、上の画面のセルB1〜B4に入力してあるのはTYPE関数です。
例えば「1」なら「数値」というふうに、データの種類を調べられます。

説明しよう！　見た目の値と実際の値

セルに表示された値と、実際のデータ型が一致しないこともある。例えば「0001」
と表示するために、数字が「文字列」で入力されていることもある。また、
「2023/4/21」のような日付は文字列に見えても、エクセルでは「数値」として扱わ
れる(P.77参照)。

覚えたら負けかなと思っている

私、関数名を覚えるのが苦手なんです……
スペルを間違えて［#NAME?］エラーにならないか心配です。

関数名の綴りを全部覚えなくてもいいんですよ！ 先頭の数文字だけ
覚えておけば、エクセルの入力補助機能があるので大丈夫。
ちょっと試してみてください。

❶ 数式を入力したいセルを選択して、数式バーに「=su」と入力

❷ ↓ キーを押して［SUM］を選択

❸ Tab キーを押す

関数名の続きが補完されて
「=SUM(」と入力された

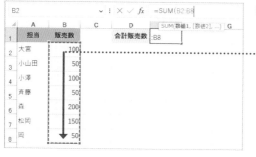

❹ セルをドラッグして引数にしたいセル範囲を指定

3文字しか入力していないのに、SUM関数と引数を指定できました！
こんな親切な機能があるんですね。
あとは閉じカッコを入力すれば……

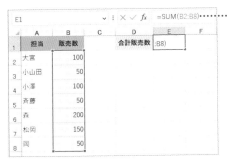

5 「)」を入力して Enter キーを押す

関数が入力されて結果が表示された

よくできました！
もちろん慣れてきたらセルに直接入力してもいいのですが、
慣れないうちは入力補助にどんどん頼っちゃいましょう。

はい！
ちなみに、複数の引数が必要な場合はどうすればいいですか？

引数は「,」(カンマ)で区切るルールなので、「,」を直接入力します。
引数には計算方法などを指定することもありますよ。

「,」には大事な役割があるんですね。
入力補助の候補から関数を選べるのは心強いです！

説明しよう！ 「)」の補完機能

上記の操作5で入力した「)」を忘れて Enter キーを押しても「)」が自動的に補完される。また、「))」のように余計なカッコを入力してしまったときは、右のようなメッセージが表示される。これは、数式の不具合を修正していいかどうかを確認するメッセージだ。

[はい]をクリックすると、
数式が修正される

ダイアログボックスは簡単……なのか?

 あの……でもシノさん。
関数名だけじゃなくて、引数の指定方法も、まだ不安なんです。
いちばん間違いが少ない方法ってありますか?

 それなら[関数の挿入]ダイアログボックスを使ってみましょうか。
以下のように一緒に操作してください。

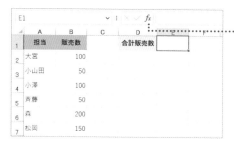

❶ 数式を入力したいセルを選択して、[関数の入力]をクリック

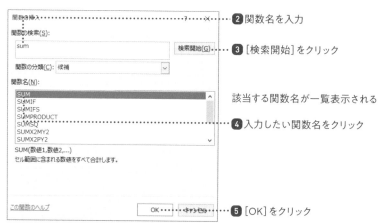

❷ 関数名を入力

❸ [検索開始]をクリック

該当する関数名が一覧表示される

❹ 入力したい関数名をクリック

❺ [OK]をクリック

 この画面では、関数名やキーワードでの検索ができるんですね。
あれ、まだ引数を指定していませんが……?

 まだ続きがあって、[OK]をクリックすると別の画面が現れます。
先ほどの「ピンポイント解説」でちょこっと説明した
[関数の引数]ダイアログボックスで引数を指定したら完了です!

[関数の引数] ダイアログボックスに切り替わる　**6** ここをクリック

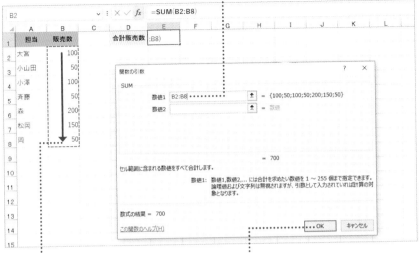

7 セルをドラッグして引数にしたい
セル範囲を指定

8 [OK] をクリック　関数が入力される

 できました！ この方法だと手取り足取りって感じで安心できます。
引数がたくさんある関数でも、間違えずに入力できそうです。
……あれ？ VLOOKUPちゃんが来ましたよ？

 私の話をしませんでした？ 必要な引数が分からないときは、
[関数の引数] ダイアログボックスで確認できますよ。
直接入力するときは、数式バーに表示されるチップが便利です。

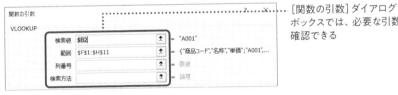

[関数の引数] ダイアログ
ボックスでは、必要な引数を
確認できる

関数の入力中は、引数を説明
するチップが表示される

 あっ、また行ってしまいました……
でも、この方法を知っておけばVLOOKUPちゃんと仲良くなれそうです！

関数の入力中に表示されるチップ（ヒント）には、
- 入力中の引数が太字になる
- 省略可能な引数は[ ]で囲まれている

といった決まりがあることも覚えておくといいですよ。

分かりました！
いや〜、何だか一気にエクセルに詳しくなった気がします！

ここまでで紹介したのは、エクセル関数を利用するために必須の知識です。
たくさんあって戸惑うかもしれませんが、関数ちゃんと付き合ううちに
自然と身についていくと思うので、安心してください。

私たちがついていますから、一緒に頑張りましょうね！

あっ、そうだキュウさん。最後にもうひとつだけ。
SUMちゃんにすぐに助けてほしいとき、とっておきの方法があるんです。
それはですね……

SUM関数は Alt + Shift +＝キーで入力することも
できますよ。でも、自動的に指定されたセル範囲が
意図通りではないこともあるので注意です。

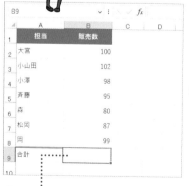

❶SUM関数を入力
したいセルを選択

❷ Alt + Shift +
＝キーを押す

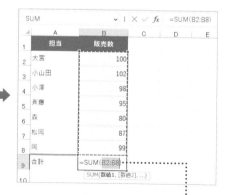

❸引数のセル範囲を確認して
Enter キーを押す

Sheet

2

寄せて、
集めて、
合計して

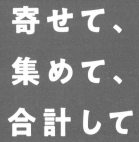

集計はエクセルで
もっとも頻繁に行う作業になる。
基本は大切だから、
しっかりマスターしてくれよ！

Episode 04 データ、ぜんぶ数えて

社内の各部門が作成したエクセルの人員名簿をもとに、別の資料に人数を入力したいキュウ。さすがに手作業では数えていないが、関数を使った集計ができることには気付いていない様子。今こそCOUNTAちゃんの出番だ。

リング上のカウントは任せろ!

シノさん、この範囲内に入力されたデータを数えたいです。
数えた人数を別の資料に入力するために必要なんです……

………… この範囲に含まれる
データを数えたい

あら、これはCOUNTAちゃんにお願いすれば大丈夫ですね。
ちなみに、今まではどうやっていたんですか?

えっと、セル範囲を選択してから、
画面右下のステータスバーで「データの個数」を確認していました。
でも、ひとつひとつ範囲を選択するのは面倒だな〜と……うわっ!

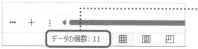

………… 選択範囲のデータの数はステータスバーでも
確認できる

そういうのは私に任せてくれ！
リング（シート）上にデータがいくつあるかカウント！

引数を「,」カンマで区切れば、
複数の飛び地になった
セル範囲もカウント可能だ！

COUNTAちゃん
カ ウ ン ト ・ エ ー

（特技）
セル範囲のデータを何でも数える。空白のセルは無
視するが、数式の結果の「""」（空白の文字列）は数
えることに注意。

COUNTAちゃん、来てくれたんですね！
人数をあっという間に数えられました！

セル範囲に含まれるデータを
数えられる

セルB2の数式
=COUNTA（A5:E10）

「=COUNTA（A5:A10,B5:B10,C5:C10）」
としてもよい

説明しよう！　**COUNTA関数の構文**

カ ウ ン ト ・ エ ー
=COUNTA (値1, 値2, … , 値255)

[値]には個数を求めたい値、またはセル範囲を指定する。[値]に数式を指定した
場合、数式の結果の「""」（空の文字列）やエラー値であっても数える。

返事がない。ただの空白のようだ

 ねぇ、COUNTAちゃん。こっちの表も見てもらえますか？
空白のセルを数えたいのですが、ステータスバーではできないみたいで。

 そりゃ、空白を数えたいこともあるよな……
すまないが、私には見えないな。
COUNTBLANK関数を使ってみてくれ。

 （COUNTAちゃんにも苦手なことがあるのね……）
どれどれ、「=COUNTBLANK……」っと……できました！

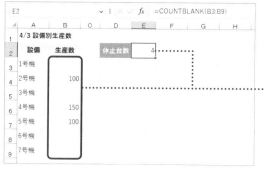

セルE2の数式
=COUNTBLANK（B3:B9）

── セル範囲に含まれる
空白を数えられる

 パンチが空を切る、みたいな感じを嫌っているのかな？
ちなみに、数式の結果の「""」（空白の文字列）は、
一見すると空白に見えますが、データとして認識されます。
COUNTAちゃんもCOUNTBLANK関数もこれを数えるので、
注意してください。

説明しよう！ ## COUNTBLANK関数の構文

=COUNTBLANK （範囲）
カ ウ ン ト ・ ブ ラ ン ク

空白のセルを数えるセル範囲を指定する。セルに数式が入力されていても、結果が
「""」（空白の文字列）であれば数える。

シノさんのピンポイント解説！

COUNTAちゃんは、セルに入力されたスペースもデータと認識して数えます。結果がおかしいなと感じたら、セルを編集状態にして確認してみましょう。似た働きをするCOUNT関数も覚えておいてください。

セル内の見えないスペースに注意

以下の画面にあるセルA5～G10のセル範囲には、13個のデータが入力されているように見えますが、COUNTA関数の結果は「14」です。このようなときは、空白に見えるセルのどこかにスペースが入力されていないかを調べてみましょう。

セル範囲には13個のデータが入力されているように見えるが、COUNTA関数の結果は「14」となっている

スペースが入力されていた

スペースも立派なデータだ。
人の目には見えなくても、私にはちゃんと見えてるんだ。

数値のみを数えるCOUNT関数

データを数えるとき、関数名からCOUNT関数を使いたくなりますが、COUNT関数が数えるのは「数値のみ」です。数値以外のデータは数えないことに注意しましょう。見た目が数字でもデータ型が「文字列」なら数えません。

AVERAGE

Episode 05

「合計÷全数＝平均」のはずが……

「この資料、平均がおかしくないか？」会議室から出てきた課長に声をかけられ、キュウは青ざめてしまう。毎月更新される案件獲得数の平均値を割り算で求めていたようだが、それを見かねて助けに来てくれたのは……

うわっ……値の平均、高すぎ……？

シノさん……聞いてください……
課長からエクセルの資料のことで怒られました……

あらら……どれどれ、ちょっと見せてください。
平均値が「692.4」……あれ、おかしいですね。
最高値は2月の「611」なのに、それよりも平均値が高くなっています。

	A	B	C	D	E	F	G	H
1	上半期新規案件獲得数							
2	1月	2月	3月	4月	5月	6月	合計	平均
3	583	611	592	572	529	575	3462	692.4
4								

H3　　　✓ : × ✓ fx =G3/5

セルH3の数式
=G3/5

……平均値を求めるために割り算をしている

私が数式の更新を忘れていたせいなんです。
6月の数値を入れたら、セルH3の数式を「=G3/6」にしないと平均値を正しく計算できませんから……

そうですね。この数式だと、毎月更新しないといけません。
でも、手動での更新はミスの温床になりがちです。
数値が入っていると、つい正しいものと誤解しがちですね。

今までは毎月気をつけていたのに〜。

まぁ、いい気付きが得られたということにしましょう！
このようなときはAVERAGEちゃんの助けを借りるのが
いちばんです。

あっ、AVERAGEです。
数値の平均を計算して、みなさんのお手伝いをします。

セルH3の数式
=AVERAGE(A3:F3)

・・・・・ セル範囲の平均値が求められる

現地まで行って、数値の数を
確認しているので安心してください！

AVERAGEちゃん
（アベレージ）

特技

セル範囲の数値の平均を求める。文字列や空白のセ
ルは無視する。

はじめまして、AVERAGEちゃん！
その手に持っているのは何ですか？

トンボ、またはグラウンドレーキと言います。
これでみなさんに指定されたセル範囲の数値を「ならす」のです。

AVERAGEちゃんが平均を求めてくれるとき、空白のセルは無視します。
なので、セル範囲を一度指定したら、そのいくつかが空であっても、
常に正しい平均値を求めてくれるんですよ。

セルH3の数式
=AVERAGE(**A3:F3**)

セル範囲の一部を空にしても、
同じ数式で正しい平均値が求
められている

ホントだ！
「6月」の数値がまだ入っていない状態に戻しても、
そのままの数式で平均値を計算してくれています！
これなら、数式を毎月更新する必要はないのでは……！？

はい、更新しなくて大丈夫です。
私は毎回、指定されたセル範囲の現地まで行って、
数値の数を確認してから計算していますから、安心してください。

（この子、できる……！）
SUM関数で、数値の入力されていないセル範囲を含めて
指定するのと同じ感覚ですね！

そうそう、いい例えですね！
セル範囲を指定しておけば、数式はそのままで、あとは任せられる。
これこそが関数ちゃんたちの本領発揮なんです！

説明しよう！ **AVERAGE関数の構文**

=AVERAGE (数値1, 数値2, … , 数値255)
[数値]には平均値を求めたい数値、またはセル範囲を指定する。ABERAGE関数
で求めた平均値は「算術平均」または「相加平均」とも呼ばれる。

Episode 06

端数処理はROUND三姉妹におまかせ

課長から「商品別の売上金額を四捨五入して千円単位でまとめるように」と指示を受けたキュウ。数値の桁を「丸める」処理を間違えて、集計に誤差が出ては一大事。ここは、あの魔女たちの力を借りるのが正解だ。

私の引数は第2引数まであるよ？

> シノさん、課長から売上金額を四捨五入して、
> 千円単位で揃えるように指示されたのですが、
> 1つずつ手入力していたらミスしそうです……

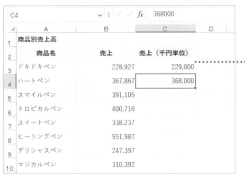

千円単位で金額を丸めるのに
手入力は避けたい

C4		∨ ：× ✓ fx	368000	
⊿	A	B	C	D
1	商品別売上高			
2	商品名	売上	売上（千円単位）	
3	ドキドキペン	228,927	229,000	
4	ハートペン	367,867	368,000	
5	スマイルペン	391,105		
6	トロピカルペン	400,716		
7	スイートペン	338,237		
8	ヒーリングペン	551,987		
9	デリシャスペン	247,397		
10	マジカルペン	310,392		

> あー、これは手入力してはいけないやつですね。
> 特定の桁で数値を丸めたいときは、ROUNDUPちゃん、
> ROUNDちゃん、ROUNDDOWNちゃんの三姉妹にお任せしましょう！

> 数値の丸めなら、私たちに任せて！
> 魔法で数値をどんどん「0」に変えちゃうよ〜！

私は末っ子のROUND。
ふたりのお姉ちゃんとこだわりは違うけど、
引数は同じだから一緒に仲良くしてね！

ROUNDUP
ラウンド・アップ
ちゃん

特技
数値を指定した桁で切り上げる。

ROUND
ラウンド
ちゃん

特技
数値を指定した桁で四捨五入する。

ROUNDDOWN
ラウンド・ダウン
ちゃん

特技
数値を指定した桁で切り捨てる。

 私たちは、与えられた数値を指定された桁まで
ドーナツ（0）に変えちゃう魔法使いなんです。

 魔女のみなさん、こんにちは！
私もドーナツ大好きです！

ROUND三姉妹の特技はそっくりですが、
数値の丸め方へのこだわりが少しずつ違っているんです。
以下にまとめて紹介しますね。

説明しよう！ **ROUND系関数の構文**

ラウンド
=**ROUND** (数値,桁数)
ラウンド・アップ
=**ROUNDUP** (数値,桁数)
ラウンド・ダウン
=**ROUNDDOWN** (数値,桁数)

数値 もとの数を指定する。
桁数 四捨五入、切り上げ、切り捨ての際、「0」にする桁を指定する。

[数値]には丸める前のもとの数値を指定する。[桁数]には、ROUNDは四捨五入、ROUNDUPは切り上げ、ROUNDDOWNは切り捨てをする際、「0」にする桁を指定する。

 引数が同じなんて、本当に仲良しなんですね。
[数値]はいいとして、[桁数]はどう指定するんでしょう？

 いいことを聞いてくれました。
私たちにとっては、第2引数[桁数]がとっても重要です。
ドーナツ(0)の数に関わるから……もぐもぐ。

 では、さっそくROUNDちゃんに、
四捨五入して千円単位に揃えるところを見せてもらいましょうか。

C3			f_x =ROUND(B3,-3)	
	A	B	C	D
1	商品別売上高			
2	商品名	売上	売上（千円単位）	
3	ドキドキペン	228,927	229,000	
4	ハートペン	367,867	368,000	
5	スマイルペン	391,105	391,000	
6	トロピカルペン	400,716	401,000	
7	スイートペン	338,237	338,000	
8	ヒーリングペン	551,987	552,000	
9	デリシャスペン	247,397	247,000	
10	マジカルペン	310,392	310,000	

·········· 千円単位で丸めるときは
[桁数]に「-3」と指定する

セルC3の数式
=ROUND(**B3**,-3)

はい、できました。
千円単位に揃えるということなので、
［桁数］に「-3」を指定して魔法をかけています。

うん？「-3」って何ですか？

引数［桁数］に指定する数値は、三姉妹のいちばん大事なポイントです。
「1234.5678」という単純な数値を例に、
引数［数値］の各桁と［桁数］の関係を見てみましょう。

■ 引数［数値］の各桁と［桁数］の関係

桁	千の位	百の位	十の位	一の位		小数点 第一位	小数点 第二位	小数点 第三位	小数点 第四位
［数値］	1	2	3	4	.	5	6	7	8
［桁数］	-3	-2	-1	0		1	2	3	4

まずは［桁数］に「0」を指定したときを基準に考えてください。
「0」なら一の位に揃えるので、小数点以下第1位を四捨五入します。
「1」なら小数点以下第1位に揃えるので、第2位を四捨五入します。
「-1」なら十の位、「-2」なら百の位、「-3」なら千の位に揃えるので、
それぞれの1つ下の桁を四捨五入する、というかたちです。

	A	B	C	D	E
1	［数値］				
2	1234.5678				
3					
4	［桁数］	数式	結果	そろえる桁	「0」にする位
5	3	=ROUND($A$2,3)	1234.568	小数点以下第3位	小数点以下第4位
6	2	=ROUND($A$2,2)	1234.57	小数点以下第2位	小数点以下第3位
7	1	=ROUND($A$2,1)	1234.6	小数点以下第1位	小数点以下第2位
8	0	=ROUND($A$2,0)	1235	一の位	小数点以下第1位
9	-1	=ROUND($A$2,-1)	1230	十の位	一の位
10	-2	=ROUND($A$2,-2)	1200	百の位	十の位
11	-3	=ROUND($A$2,-3)	1000	千の位	百の位
12					

…… 同じ［数値］に対して、異なる［桁数］を指定した結果を表示している

（うっ、意外と難しいぞ……）
［桁数］の数値が大きいほど、四捨五入する桁は小さくなるんですね……

私たちの魔法は、数値の小数点以下を丸めて
整数にすることが基準になっているんです。
どういう仕組みか、説明しましょうか？

（理解できる自信ないけど……）
はい、お願いします！

先ほどの例では、「1234.5678」という数値を丸めていました。
例えば、引数［桁数］が「3」のときは、いったん10の3乗、
つまり「1000」を掛けて「1234567.8」にします。
この小数点以下を四捨五入して整数にすると「1234568」になりますよね。
これを再び10の3乗、つまり「1000」で割った数値である
「1234.568」が、関数式の結果になるというわけなんです。

引数［桁数］の「3」は、10の3乗の「3」ということですね？

その通りです。
逆に、引数［桁数］が「-3」なら10の-3乗、
つまり「1/1000」を掛けて、いったん「1.2345678」にします。
この小数点以下を四捨五入して整数にすると「1」ですから、
再び10の-3乗である「1/1000」で割って、結果が「1000」になります。

よく……分かりました……
（メモはしたから後で読み返そう……）

ゆずれないこだわり

ROUNDちゃん。
今度はお姉さんたちのことを教えてもらえますか？

ROUNDUPお姉ちゃんとROUNDDOWNお姉ちゃんですね。
引数［桁数］について、姉妹間で違いはありません。
ドーナツもみんな大好きです。
違うのは桁を「切り上げる」か「切り捨てる」かという点です。

私は単純に切り上げるわよ〜！
例えば「=ROUNDUP(0.14,1)」という関数式なら、
小数点以下第2位を切り上げて「0.2」を返すわ。

私は単純に切り捨てるよ。
例えば「=ROUNDDOWN(0.18,1)」という関数式なら、
小数点以下第2位を切り捨てて「0.1」を返すからね。

ずいぶんと思い切りのいいお姉さんたちですね！
練習のために、みなさんの魔法をまとめてみたんですけど……
こんな感じになりました！

	A	B	C	D	E	F
1	［数値］	［桁数］	「0」にする位	ROUND（四捨五入）	ROUNDUP（切り上げ）	ROUNDDOWN（切り下げ）
2	0.11	1	小数点以下第2位	0.10	0.20	0.10
3	0.14	1	小数点以下第2位	0.10	0.20	0.10
4	0.15	1	小数点以下第2位	0.20	0.20	0.10
5	0.16	1	小数点以下第2位	0.20	0.20	0.10
6	0.19	1	小数点以下第2位	0.20	0.20	0.10

ROUND系関数の結果の違いをまとめている
（対象が正の数値の場合）

あっ、ありがとう。姉たちは両極端なんですよね……
私の魔法は、そのいいとこ取りの四捨五入ですからね、お忘れなく。
あと、注意してほしいことと言えば……

私の魔法の「切り上げ」っていうのは、
「0」から遠ざかる、って意味だってことね。

「0」から遠ざかる、とは……？

さっき「=ROUNDUP(0.14,1)」なら「0.2」を返すと言ったけど、
「=ROUNDUP(-0.14,1)」の結果はどうなると思う？

小数点以下第2位を切り上げるから……「-0.2」？
でも、切り上げると数値が大きくなるイメージがあるから「-0.1」？
どっちだろう！？

正解は「-0.2」ですね！
「切り上げ」と聞くと数値が大きくなるような感じがしますが、
正しくは「0」から遠ざかる、つまり対象が負（マイナス）の数値なら
より小さくなるように丸められると覚えてください。

私の魔法でも、対象が負の数値なら同じことが言えますよ。

対象が負の数値の場合もまとめてみました……
こういうことですよね……（疲れた……）

	A	B	C	D	E	F
1	［数値］	［桁数］	「0」にする位	ROUND (四捨五入)	ROUNDUP (切り上げ)	ROUNDDOWN (切り下げ)
2	-0.11	1	小数点以下第2位	-0.10	-0.20	-0.10
3	-0.14	1	小数点以下第2位	-0.10	-0.20	-0.10
4	-0.15	1	小数点以下第2位	-0.20	-0.20	-0.10
5	-0.16	1	小数点以下第2位	-0.20	-0.20	-0.10
6	-0.19	1	小数点以下第2位	-0.20	-0.20	-0.10

ROUND系関数の結果の違いをまとめている
（対象が負の数値の場合）

はい、よくできました！
ROUND三姉妹のみなさんのドーナツ魔法は、奥が深いですね。
どう丸めるかをよく考えたうえで、誰にお願いするかを決めましょう。

あと、対象の数値が金額なのか、重さなのか、割合なのか……
それは私たちには分からないので、正しく使ってほしいです。
ま、私はドーナツ（0）をたくさん作ればいいんですけどね。もぐもぐ。

説明しよう！ 小数点以下を切り捨てるINT関数

小数点以下の切り捨てには、INT関数を使ってもいい。指定するのは引数［数値］
のみで扱いやすい。ただし、マイナスの数値の場合は注意が必要だ。例えば「-1.1」
をINT関数で処理すると、「-2」のように「0」から遠ざかることを覚えておこう。

インテジャー
=INT (数値)

Episode 07

変幻自在。キーワードは「9」と「3」

「今月の生産実績はどんな感じ?」課長の問いに答えるべく、製品別の生産実績をエクセルの表にまとめたキュウ。種類別に小計の行も用意して見やすい資料が完成……したはずなのだが、シノがもっといい方法があると言う。

SUMちゃんとは共演NG!?

キュウさん、課長に提出する生産実績の資料を見たのですが、
SUM関数がたくさん入力されていますね。
引数のセル参照も色とりどりで……

	A	B	C	D	E	F
1	製品別生産実績					
2	製品コード	生産数	不良数	合格数		
3	A001	110	10	100		
4	A002	100	5	95		
5	小計	210	15	195		
6	B001	200	10	190		
7	B002	220	12	208		
8	小計	420	22	398		
9	D001	150	3	147		
10	D002	150	2	148		
11	D003	160	2	158		
12	小計	460	7	453		
13	合計	1090	44	=SUM(D5,D8,D12)		

セルD5の数式
=SUM(D3:D4)
セルD8の数式
=SUM(D6:D7)
セルD12の数式
=SUM(D9:D11)
セルD13の数式
=SUM(D5,D8,D12)

SUM関数で求めた小計を対象にして、
合計行で再びSUM関数を入力している

あっ、これは小計をまとめて合計を計算しているんです!
SUMちゃんに助けてもらいましたが、何か間違っていましたか?

なるほど〜。
ちょっと面倒だな、って思ったりしなかった?

実は、目視で小計行を探したので、
行数がもっと多かったらどうしようって思ってました。

こういうときは、SUBTOTAL関数が便利ですよ！
「SUBTOTAL」を日本語にすると、そのまま「小計」という意味になります。
私もまだ、あまり仲良くなれていない関数ですけど……
まずは以下のように、すべての小計行にSUBTOTAL関数を入力します。

あっ……その関数は……

説明しよう！ ## SUBTOTAL関数の構文

サ ブ ト ー タ ル
=SUBTOTAL (集計方法, 参照1, 参照2, … , 参照254)

さまざまな集計値を求めるための関数。引数 [集計方法] の値によって機能を切り
替えることができ、集計の種類は「1」〜「11」、「101」〜「111」で指定する。[参照]
には集計したいセル範囲を指定する。数値の直接指定はできない。

	D12			fx	=SUBTOTAL(9,D9:D11)	
▲	A	B	C	D	E	F
1	製品別生産実績					
2	製品コード	生産数	不良数	合格数		
3	A001	110	10	100		
4	A002	100	5	95		
5	小計	210	15	195		
6	B001	200	10	190		
7	B002	220	12	208		
8	小計	420	22	398		
9	D001	150	3	147		
10	D002	150	2	148		
11	D003	160	2	158		
12	小計	460	7	453		
13	合計	1090	44			

セルD5の数式
=SUBTOTAL(**9,D3:D4**)
セルD8の数式
=SUBTOTAL(**9,D6:D7**)
セルD12の数式
=SUBTOTAL(**9,D9:D11**)

すべての小計行にSUBTOTAL関数を
入力しておく

（SUMちゃんの様子がおかしいような……）
シノさん、SUBTOTAL関数の引数にある「9」はどんな意味ですか？

S h e e t 2

寄せて、集めて、合計して

SUBTOTAL関数は、引数［集計方法］の値によって機能が変化するんです。
「9」は「合計値を求める」方法で集計するという意味になります。
小計行に入力したら、合計行にもSUBTOTAL関数を入力してください。

セルD13の数式
=SUBTOTAL(**9,D3:D12**)

SUM						=SUBTOTAL(9,D3:D12)		
	A	B	C	D	E	F		
1	製品別生産実績							
2	製品コード	生産数	不良数	合格数				
3	A001	110	10	100				
4	A002	100	5	95				
5	小計	210	15	195				
6	B001	200	10	190				
7	B002	220	12	208				
8	小計	420	22	398				
9	D001	150	3	147				
10	D002	150	2	148				
11	D003	160	2	158				
12	小計	460	7	453				
13	合計	1090	44	=SUBTOTAL(9,D3:D12)				

·········合計行にもSUBTOTAL関数を入力する

合計行のSUBTOTAL関数の引数［参照］に
セルD3〜D12を指定していますけど、いいんですか？
合計の中に、小計が含まれてしまうのでは……

そこがSUBTOTAL関数を使うポイントなんです！
SUBTOTAL関数は、SUBTOTAL関数が入力されたセルを除外して
集計するので、合計の中に小計が含まれることはなく、正しく集計できます。

なるほど！ これならSUMちゃんを何度も入力する必要はない……
って、あっ……

もう……私が得意な足し算の仕事を取っちゃうなんて……
SUBTOTALちゃんとの共演はNGでお願いします！

説明しよう！ **SUBTOTAL関数とSUM関数の併用は厳禁**

SUBTOTAL関数とSUM関数が「共演NG」な理由はほかにもある。SUBTOTAL関数
が集計から除外するのは、SUBTOTAL関数が入力されているセルだけなので、小計
行にSUM関数が入力されていると正しく集計できないのだ。集計ミスの原因となる
可能性が高いため、SUBTOTAL関数とSUM関数の併用は厳禁と覚えておこう。

非表示の行は対象外。そんなことできる?

シノさん、こっちの表も見てもらえますか?
フィルター機能で商品の「分類」を絞り込んだときに、
「件数」の結果が変わるようにしたいのですが、
COUNTAちゃんは非表示の行も数えてしまうみたいで……

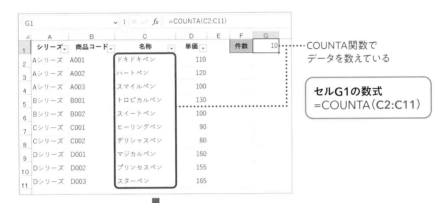

······ COUNTA関数で
データを数えている

セルG1の数式
=COUNTA(**C2:C11**)

······ フィルターで絞り込んでも
結果は変わらない

COUNTAちゃんは真っ直ぐで生真面目ですから……
対象のセルが非表示になっているかどうかで結果を変えないんです。

悪いけど、そういう器用なことはできないんだよ。

もしかして、
別の表を作成しないといけませんかーッ!?

63

落ち着いて。それには及びませんよ。
キュウさんは、こういうことがしたかったんですよね？

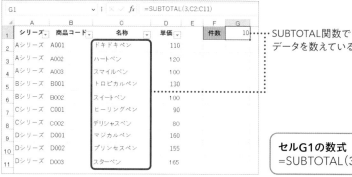

SUBTOTAL関数で
データを数えている

セルG1の数式
=SUBTOTAL（**3,C2:C11**）

フィルターで絞り込むと
表示されているデータだ
けが数えられる

そうです！
COUNTAちゃんでなければ、いったい誰が……？

SUBTOTAL関数で、引数［集計方法］に「3」を指定すればOKです！
「3」は「データの個数を数える」方法で集計するという意味になります。
また、SUBTOTAL関数はフィルタ機能で非表示にしたセルを
計算から除外する特徴があるので、こういう計算ができるんですよ。

SUBTOTALのやつ、私が得意なカウントまで……
もう全部あいつひとりでいいんじゃないかな。

機能が豊富で優秀ですけど、万能ではありませんよ。
SUBTOTAL関数の主な使い道は、合計の「9」とカウントの「3」。
「キュウさん」は覚えやすくていいですね！

● 引数［集計方法］に指定できる値

集計方法	集計内容	相当する関数
1 または 101	平均値を求める	AVERAGE
2 または 102	数値の個数を求める	COUNT
3 または 103	データの個数を求める	COUNTA
4 または 104	最大値を求める	MAX
5 または 105	最小値を求める	MIN
6 または 106	積を求める	PRODUCT
7 または 107	不偏標準偏差を求める	STDEV.S
8 または 108	標本標準偏差を求める	STDEV.P
9 または 109	合計値を求める	SUM
10 または 110	不偏分散を求める	VAR.S
11 または 111	標本分散を求める	VAR.P

「9」と「3」、きゅうさん……！確かに覚えました！

説明しよう！ 「3」と「103」の違い

SUBTOTAL関数の引数［集計方法］に指定する値は1桁と3桁の2つあるが、手動で非表示にした行を数えるかどうかに違いがある。例えば「3」と「103」は、どちらも「データの個数を数える」方法で集計し、フィルター機能で非表示にしたセルを除外して計算する。ただし、行番号の右クリックから［非表示］を選択して非表示にした行については、「103」を指定した場合のみ除外する動作となる。

セルG1の数式　=SUBTOTAL(3,C2:C11)

セルG2の数式　=SUBTOTAL(103,C2:C11)

G2		✓ : × ✓ fx	=SUBTOTAL(103,C2:C11)				
▲	A	B	C	D	E	F	G
1	シリーズ	商品コード	名称	単価		件数（集計方法「3」）	10
2	Aシリーズ	A001	ドキドキペン	110		件数（集計方法「103」）	8
3	Aシリーズ	A002	ハートペン	120			
4	Aシリーズ	A003	スマイルペン	100			
7	Cシリーズ	C001	ヒーリングペン	90			
8	Cシリーズ	C002	デリシャスペン	80			
9	Dシリーズ	D001	マジカルペン	160			
10	Dシリーズ	D002	プリンセスペン	155			
11	Dシリーズ	D003	スターペン	165			

引数［集計方法］が「103」のとき、非表示にした行は集計しない

5、6行目を手動で非表示にしている

Episode

08 最大値と最小値を、知りたい？

担当者別の販売数を資料にまとめていたキュウ。ふと、最大と最小の販売数を知りたくなり、「並べ替え」の機能で調べようとしていたが、「それも関数でできるよ」とシノ。もう並べ替えしている場合じゃない!?

ククク……奴はデータの中でも最小……

ねぇシノさん。
複数の数値の中から最大値や最小値を探すときは、
やっぱり「並べ替え」が便利ですよね？

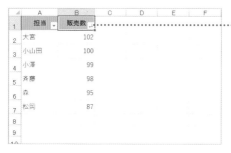

…… [販売数] 列を降順に
並べ替えた

うーん、確かに見つけられますけど……
元の表の順番が変わってしまいますよね？
MAX関数とMIN関数を使えば、並べ替えしなくても
最大値や最小値を知ることができますよ。

ええっ？
並べ替えの操作は省けないと思っていました！

MAX / MIN関数の構文

 マックス
=MAX (数値1, 数値2, … , 数値255)
ミニマム
=MIN (数値1, 数値2, … , 数値255)

指定した［数値］から、MAX関数は最大値、MIN関数は最小値を求める。文字列、論理値、空白のセルは無視する。指定したセル範囲の内容がすべて文字列、論理値、空白のときは「0」を返す。

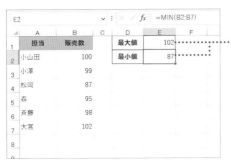

MAX関数で最大値、MIN関数で最小値を求められる

セルE1の数式	=MAX(**B2:B7**)

セルE2の数式	=MIN(**B2:B7**)

本当にあっという間でしたね……
引数がSUMちゃんのようにシンプルなので、簡単に使えそうです！

MINA関数との違いに注意

ミニマム・エー
MIN関数によく似た「MINA関数」がある。構文は同じだが、文字列、論理値、空白のセルの扱いが異なる。MIN関数は文字列、空白、論理値を無視するが、MINA関数は文字列と空白を「0」、論理値のTRUEを「1」、FALSEを「0」とみなす。例えば、指定したセル範囲に文字列が含まれていると、意図せずに「0」が最小値として判定されてしまうこともあるので注意しよう。

セル範囲に含まれた文字列は「0」と見なされる

RANK.EQ / LARGE / SMALL

Episode **09**

派手にハッキリと順位付けする

「あの商品の人気は何番目?」「私の販売成績は何位だろう?」「何とかトップ3に食い込むには……」と、順位付けが必要になるシーンは意外と多い。キュウもさまざまな値の順序を決める必要があるようだが……

全力調査! ランキング

売上表などで、数値の順位付けをしたいことがあります。
最大値と最小値を求める関数があるなら、
ランキングを作れる関数もありますよね?

キュウさん、鋭いですね。ランキングにはRANK.EQ関数を使います。
大きい順で数えるか、小さい順で数えるかは、
3つめに指定するオプションの引数[順序]で指定できます。
省略すると、以下のように大きい順のランキングになりますよ。

RANK.EQ関数で簡単に
順位付けができる

セルC3の数式 =RANK.EQ(B3,$B$3:$B$12)

68

あっという間にランキングが作れました！
2つめの引数を絶対参照にしているのはどうしてですか？

2つめの引数[参照]では、順位を求めるセル範囲を指定します。
数式をコピーすることを考えると、その範囲がずれないように、
絶対参照にすることがほとんどなんですよ。

なるほど！
ちなみに、順位が同じときはどうなりますか？

RANK.EQ関数では、1位、2位、2位、4位のようになります。
より正確なランキングにしたいときは、
同じ順位の平均値を表示するRANK.AVG関数もありますよ。
以下の例では2位と3位が同じなので、「(2+3)÷2」となり、
1位、2.5位、2.5位、4位……と順位付けされます。

C2			✓ : × ✓ fx	=RANK.AVG(B2,$B$2:$B$7)			
▲	A	B	C	D	E	F	G	H
1	担当	販売数	ランク					
2	小山田	100	2.5					
3	小澤	99	4					
4	松岡	87	6					
5	森	95	5					
6	斉藤	100	2.5					
7	大宮	102	1					

‥‥‥ RANK.AVG関数では、同順位の
ときに平均値が表示される

セルC2の数式 =RANK.AVG(**B2,$B$2:$B$7**)

説明しよう！ **RANK.EQ / RANK.AVG関数の構文**

ランク・イコール
=RANK.EQ (数値, 参照, 順序)
ランク・アベレージ
=RANK.AVG (数値, 参照, 順序)

引数[参照]に指定したセル範囲の中で[数値]の順位を求める。文字列、論理値、空白のセルは無視する。第3引数の[順序]で「0」を指定する、または省略すると降順、「1」を指定すると昇順となる。同じ順位のときは、RANK.EQ関数は最上位の順位、RANK.AVG関数は平均値の順位を返す。なお、似た名前のRANK関数も存在するが、これは下位互換性のために残された関数であり、使用は非推奨となる。

トップ3以外には興味ありません

営業部門では、毎月の販売数でトップ3に入ると表彰されるそうです。
どのくらい売れば表彰が受けられるのか、表にまとめたいのですが……

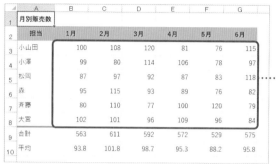

…… 各月で販売数トップ3を
調べたい

	A	B	C	D	E	F	G
1	月別販売数						
2	担当	1月	2月	3月	4月	5月	6月
3	小山田	100	108	120	81	76	115
4	小澤	99	80	114	106	78	97
5	松岡	87	97	92	87	83	118
6	森	95	115	93	89	76	82
7	斉藤	80	110	77	100	120	79
8	大宮	102	101	96	109	96	84
9	合計	563	611	592	572	529	575
10	平均	93.8	101.8	98.7	95.3	88.2	95.8

この元の表、並べ替えも絞り込みもやりづらいんですよね……
いつも別のシートにコピペして作業していますが、
もっと効率的な方法はないですかね?

確かに、このような形式では、作業用に表をコピーしたくなりますね。
トップ○位を取り出せるLARGE関数を使うといいですよ。
ワースト○位を求めるにはSMALL関数があります。

説明しよう! **LARGE / SMALL関数の構文**

ラージ
=**LARGE** (配列, 順位)
スモール
=**SMALL** (配列, 順位)

引数 [配列] の範囲のうち、LARGE関数は大きいほうから、SMALL関数は小さいほうから数えた [順位] の値を求める。文字列や論理値、空白は無視する。

引数 [配列] は、
ここではセル範囲だと
思って大丈夫です。

今回はトップ3を調べるので、あらかじめ以下のように
順位「1」「2」「3」を入力した表を用意しておきましょう。
そして、LARGE関数の引数[順位]として、そのセルを参照します。
[配列]には、順位を求めたいセル範囲を指定してください。

········· 調べたい順位を入力しておく

SUM		∨ : × ✓ fx	=LARGE(B3:B8,$I3)												
	A	B	C	D	E	F	G	H		J	K	L	M	N	O
1	月別販売数								販売数トップ3						
2	担当	1月	2月	3月	4月	5月	6月		順位	1月	2月	3月	4月	5月	6月
3	小山田	100	108	120	81	76	115		1	=LARGE(B$3:B$8,$I3)					
4	小澤	99	80	114	106	78	97		2						
5	松岡	87	97	92	87	83	118		3						
6	森	95	115	93	89	76	82								
7	斉藤	80	110	77	100	120	79								
8	大宮	102	101	96	109	96	84								
9	合計	563	611	592	572	529	575								

セルB3～B8から、1位（セルI3
の値：「1」）を調べる

セルJ3の数式　=LARGE(**B$3:B$8,$I3**)

ふむふむ……
引数はどちらも複合参照になっていますね。

いいところに気が付きましたね！
引数[配列]には、販売数のセル範囲を「B$3:B$8」と指定しています。
横方向にコピーしたときに、列は「1月」「2月」とずらして、
行は固定したいからです。

なるほど。
引数[順位]の「$I3」は、順位の列を固定して、
行を「1」「2」「3」とずらすためですね？

その通りです！
あとは数式をコピーすれば完成です。

はいっ！ 販売数のトップ3、整いました～！
（ふっふっふっ……私も成長してきたかな？）

O5 ✓ : ✓ ✓ fx =LARGE(G$3:G$8,$I5)

月別販売数									販売数トップ3					
担当	1月	2月	3月	4月	5月	6月		順位	1月	2月	3月	4月	5月	6月
小山田	100	108	120	81	76	115		1	102	115	120	109	120	118
小澤	99	80	114	106	78	97		2	100	110	114	106	96	115
松岡	87	97	92	87	83	118		3	99	108	96	100	83	97
森	95	115	93	89	76	82								
斉藤	80	110	77	100	120	79								
大喜	102	101	96	109	96	84								
合計	563	611	592	572	529	575								

各月の販売数トップ3が表示された

やるじゃないですか、キュウさん！
レベルアップしていますね！

いや～それほどでも～。
でも、いろいろな関数が使えるようになってきた実感はあります！

最近はシノさんがいないときも、
私によく声を掛けてくれるようになったしな。

私もドーナツ（0）食べれる機会が増えてうれしいです～。

これはもう、何でもできてしまうのではー！？

それじゃあ、キュウさん。スケジュール表を作ってもらおうかな？
関数を使って自動的に、土日と祝日に色を付けてくれると便利だな～。

え、え～っ！ そんなの教わってないですよ！
助けて、関数ちゃ～ん……

72

3

時を駆ける
関数ちゃん

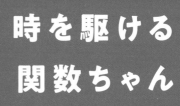

エクセルには、日付を扱うための
便利な関数が多数存在します。
「時は金なり」といいます。
ミスなく効率良く
日付を処理しましょう！

Episode

10

日付、時刻、その正体は？

スケジュール表や請求書、納品書など、日付を入力する機会は多い。「4/1」と入力したところ、なぜか「4月1日」に変換されて驚くキュウ。同じ経験のある人もいるだろう。ここでは日付と時刻の正体に迫ってみよう。

日時の正体見たりシリアル値

あ……ありのまま今起こったことを話します！
セルに「4/1」と入力したと思ったら、
いつの間にか「4月1日」になっていました！

エクセルが日付と判断して、セルの表示形式を自動で設定するからです。
「2023/4/1」と入力したら、そのまま「2023/4/1」と表示されます。
数式バーではどちらも「2023/4/1」になっていることが分かりますよ。
セルの内容は同じでも、表示が異なっているのです。

「4/1」と入力したら「4月1日」と表示された

数式バーを確認すると、どちらも
「2023/4/1」となっている

「2023/4/1」と入力したら「2023/4/1」と表示された

あれっ？ 見た目は違うのに中身は同じです！

セルの見た目は「表示形式」によって決まります。
セルを選択して、以下のように[セルの書式設定]ダイアログボックスの
[表示形式]タブを表示してから、確認してみてください。
「4月1日」のセルは[ユーザー定義]として、
[m"月"d"日"]の表示形式が設定されています。

「4月1日」と表示されたセルの表示形式は[ユーザー定義]となっている

❶ [表示形式]をクリック

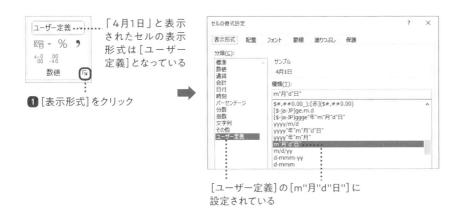

[ユーザー定義]の[m"月"d"日"]に設定されている

一方、「2023/4/1」と表示されたセルは[日付]として、
[*2012/3/14]の表示形式が設定されています。

「2023/4/1」と表示されたセルの表示形式は[日付]となっている

❶ [表示形式]をクリック

[日付]の[*2012/3/14]に設定されている

なるほど。同じ値なのに見た目が違うのは、表示形式が原因なんですね!
あんこ入りの丸い和菓子を「今川焼き」とか「大判焼き」とか、
いろいろな名前で呼ぶのに似ていますね。

関西では「回転焼き」とも言うんですよ。それはさておき、
日付は西暦を省略せずに「2023/4/1」のように入力しましょう。
年をまたぐときに大問題になることがありますからね。

試しに表示形式を[標準]に変更してみましょう。
面白いことが起きますよ?

1 [標準]をクリック

2 [OK]をクリック

セルの表示が「45017」に
変わった

見たこともない数値になりました!?

それが日付の元となる数値「シリアル値」です。

シリアル値? 聞いたことがありません。

シリアル値は「1900/1/1」を「1」として、
1日ごとに「1」ずつ加算した数値です。
例えば「2023/4/1」のシリアル値は「45017」になります。

へぇ〜。
もしかして時刻もシリアル値で表現できます……？

冴えてますね、キュウさん。その通りです。
1時間は、1日の「1」を24分の1にした小数で表現されます。
日付も時刻も、正体は「数値」なんです。

▲	A	B	C
1	時刻	シリアル値	
2	0:00	0	
3	6:00	0.25	
4	12:00	0.5	
5	18:00	0.75	
6	0:00	1	
7			

1時間は、1日（1）を24分割した
小数で表現される

0:00は「0」、24:00（0:00）は
「1」となる

> **説明しよう！**
>
> ## シリアル値とは
>
> シリアル値は、エクセルで日付・時刻を計算するための「数値」だ。「1900/1/1」を「1」として、1日ごとに「1」を加算する。時刻は「1」（1日のシリアル値）を24（時間）で割った小数となる。12:00なら「0.5」だ。例えば、2023/4/1は「45017」となり、2023/4/1の12:00は「45017.5」となる。
>
> ### ■ 日付と時刻のシリアル値
>
>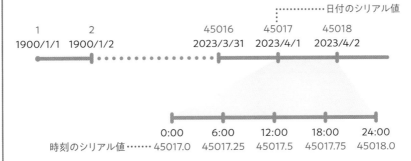
>
> 日付のシリアル値
>
> | 1 | 2 | | 45016 | 45017 | 45018 |
> |---|---|---|---|---|---|
> | 1900/1/1 | 1900/1/2 | | 2023/3/31 | 2023/4/1 | 2023/4/2 |
>
> | | 0:00 | 6:00 | 12:00 | 18:00 | 24:00 |
> |---|---|---|---|---|---|
> | 時刻のシリアル値 | 45017.0 | 45017.25 | 45017.5 | 45017.75 | 45018.0 |
>
> 時刻は1日のシリアル値「1」を24分割した
> 小数で表現する
>
> なお、月日のみでの日付入力は避けたほうがいい。入力時点での「年」が自動的に補完されるため、意図しない日付になる可能性があるからだ。例えば、2024年の1月に前月（2023年の12月）のつもりで「12/1」と入力すると、エクセルは「2024/12/1」、つまり2024年の12月と入力されたと解釈してしまう。

Sheet3

時を駆ける関数ちゃん

Episode 11

YMD三人娘を連れてきたよ！

エクセルのスキル向上を実感し、シリアル値についても理解したキュウは、スケジュールや支払い期日といった日付が関係する資料作りにも挑戦するようになった。そこに日付の計算に欠かせない関数ちゃんたちが登場する。

足し算、引き算、していいの？

えっと、今日は4月5日で、2週間後は4月19日だから……
あんまり時間ないなー。

キュウさん、手入力はちょっと待った！
さっき説明したように、日付はシリアル値という「数値」ですよ？
つまり、足し算や引き算などの計算ができるということです。

そうでした！ シリアル値は、1日につき「1」増える数値でしたよね。
ということは、2週間後の日付を計算するには「+14」する……？

その通りです！
引き算すれば、過去の日付を求めることもできます。便利でしょう？

セルA6の数式
=A5+14

基準の日付から計算して
予定を入力できる

キュウさんに日付の計算をマスターしてもらうために、
シリアル値から「年」「月」「日」を取り出してくれる
YEARちゃん、MONTHちゃん、DAYちゃんを紹介します!

日付を計算したい?
そんなときは、私たちが役に立ちますよ。
シリアル値の分析と解析、解読が得意です!

生徒会会計係の年次担当「YEAR」、
月次担当「MONTH」、日次担当「DAY」です。
日付から西暦、月、日を返します!

YEARちゃん **MONTHちゃん** **DAYちゃん**

特技	特技	特技
日付から「年」を取り出す。	日付から「月」を取り出す。	日付から「日」を取り出す。

「年」と「月」と「日」を入れて、最後に「DATE」

みなさん、会計係なんですね！頼もしい。
翌月10日の日付を求めたくて困っています。
ひと月の日数がバラバラなので難しそうですけど……

	A	B	C	D	E	F	G
1	経費リスト						
2	購入日付	購入先	品目	金額	購入年	購入月	支払期日
3	2022/12/25	中川商事	コピー用紙 A4	5,000	2022	12	
4	2023/1/21	中川商事	コピー用紙 A4	6,000	2023	1	
5	2023/1/30	中川商事	コピー用紙 B5	5,880	2023	1	
6	2023/2/2	斉藤商会	ゼムクリップ（小）	1,620	2023	2	
7	2023/2/9	斉藤商会	ゼムクリップ（中）	2,480	2023	2	
8	2023/3/16	中川商事	コピー機トナー（黒）	12,800	2023	3	
9							

購入日付から翌月10日を表示したい

この処理には、ひと工夫必要なの。
例えば「2023/4/19」から「年」「月」「日」を取り出すと
以下のようになります。

C2			✓ : × ✓ fx	=YEAR(A2)		
	A	B	C	D	E	F	G
1	日付		年	月	日		
2	2023/4/19		2023	4	19		
3							

日付をYEAR関数、MONTH関数、
DAY関数で分解した

セルC2の数式 ＝YEAR（A2）
セルD2の数式 ＝MONTH（A2）
セルE2の数式 ＝DAY（A2）

説明しよう！ **YEAR / MONTH / DAY関数の構文**

＝YEAR（シリアル値）
＝MONTH（シリアル値）
＝DAY（シリアル値）

日付からそれぞれ「年」「月」「日」を取り出す。引数［シリアル値］には、日付をシリアル値で指定する。「"」で囲んだ日付を直接指定することも可能。

あの〜ちょっといいですか？
「年」「月」「日」を取り出せることは分かったのですが、
それが翌月10日を求めるのに、どう役に立つんでしょうか……？

 日付を「年」「月」「日」に分けておくと、計算しやすくなるんです。
例えば「月」に「1」を足せば、ひと月後になります。
「日」に「10」と指定すれば、10日の意味になりますよね。

 ちぇ〜。「10」が入るんじゃ、私は出番なしか〜。

 「年」「月」「日」の3つの数値をシリアル値に変換してくれる
DATEちゃんを呼んでこようっと。
怖くないよ〜、こっちこっち！

 あの……会計係の金庫番をしているDATEです……
「年」「月」「日」の順で受け取った数値を日付に整えます……
YEARちゃんたちとは仲良くさせてもらってます……

数値は「年」「月」「日」の
順に渡してください！

DATEちゃん
デ イ ト

特技
「年」「月」「日」に該当する数値を日付に変換する。

 DATEちゃんは、日付計算のスペシャリストなんですよ！
「13月」や「32日」といったありえない日付を渡しても、
翌月や翌日に繰り上げてくれます。

説明しよう! ## DATE関数の構文

=DATE デート (年,月,日)

日付の「年」「月」「日」に該当する数値を引数［年］［月］［日］に指定すると、日付（シリアル値）が表示される。

YEARちゃんとMONTHちゃんに取り出してもらった「年」「月」を
DATEちゃんの引数に使って、「日」も指定して……
できました!「支払期日」を翌日10日として計算できています。

G3			fx	=DATE(E3,F3+1,10)				
	A	B	C	D	E	F	G	H	I
1	経費リスト							
2	購入日付	購入先	品目	金額	購入年	購入月	支払期日	
3	2022/12/25	中川商事	コピー用紙 A4	5,000	2022	12	2023/1/10	
4	2023/1/21	中川商事	コピー用紙 A4	6,000	2023	1	2023/2/10	
5	2023/1/30	中川商事	コピー用紙 B5	5,880	2023	1	2023/2/10	
6	2023/2/2	斉藤商会	ゼムクリップ（小）	1,620	2023	2	2023/3/10	
7	2023/2/9	斉藤商会	ゼムクリップ（中）	2,480	2023	2	2023/3/10	
8	2023/3/16	中川商事	コピー機トナー（黒）	12,800	2023	3	2023/4/10	

セルG3の数式
=DATE(E3,F3+1,10)

YEAR関数で取り出した「年」、MONTH関数で取り出した
「月」+1、数値の「10」から、翌月10日の日付を求められた

飲み込みが早いわね、キュウさん。
そういうふうに「年」や「月」を取り出してから計算してもいいけど、
DATEちゃんの引数に、私たちの数式を直接指定してもOKですよ。

おっ、それは「ネスト」のテクニックですね!

ネスト……?

関数の引数に、関数を使った数式を指定することを
「ネスト」と言います。関数を「入れ子」にする、とも言いますね。
次の図のようなイメージです。

関数を引数にしても
いいんだ！

| セルG3の数式 | =DATE（**E3**,**F3**+1,10） |

=YEAR(**A3**)   =MONTH(**A3**)

| ネストした数式 | =DATE(**YEAR(A3)**,**MONTH(A3)**+1,10) |

ネストを活用すると関数式は複雑になるけど、
以下のように「購入年」「購入月」の列が不要になり、
表がスッキリします。

YEAR関数、MONTH関数をDATE関数と
組み合わせても、翌月10日を求められる

E3			✓ : × ✓ *fx*	=DATE(YEAR(A3),MONTH(A3)+1,10)				
▲	A	B	C	D	E	F	G	H
1	経費リスト							
2	購入日付	購入先	品目	金額	支払期日			
3	2022/12/25	中川商事	コピー用紙 A4	5,000	2023/1/10			
4	2023/1/21	中川商事	コピー用紙 A4	6,000	2023/2/10			
5	2023/1/30	中川商事	コピー用紙 B5	5,880	2023/2/10			
6	2023/2/2	斉藤商会	ゼムクリップ（小）	1,620	2023/3/10			
7	2023/2/9	斉藤商会	ゼムクリップ（中）	2,480	2023/3/10			

ネストは、ほかの関数でもよく使うテクニックです。
ぜひ、覚えておいてください。

はい！
ところで、DATEちゃんは何におびえているの？

この金庫には……大事なシリアル値が入っているんです……
「年」「月」「日」の暗証番号を正しく渡してくれないと
開けませんからねっ！

時刻にも、日付と同じような関数が用意されています。
YEAR / MONTH / DAYに相当するのがHOUR / MINUTE / SECONDで、
DATEに相当するTIMEで、シリアル値に変換できます。

説明しよう! HOUR / MINUTE / SECOND関数の構文

アワー
=HOUR (シリアル値)
ミニット
=MINUTE (シリアル値)
セカンド
=SECOND (シリアル値)

時刻から「年」「月」「日」を取り出す。引数は[シリアル値]のみ。「"」で囲んで時刻
を直接指定することも可能。

C5			✓ : × ✓ fx	=TIME(A5,B5,0)
	A	B	C	D
1	4/6 日報用メモ			
2	**時**	**分**	**時刻**	**内容**
3	9	30	9:30	有泉ブックス打ち合わせ直行
4	11	30	11:30	帰社
5	12	30	12:30	品田カンパニー来社

セルC5の数式
=TIME(**A5,B5,0**)

HOUR関数で取り出した「時」、
MINUTE関数で取り出した「分」、
数値の「0」から、時刻を求められた

TIMEの引数は、どれも省略できません。
「秒」を省略したいときは「0」を引数に設定しましょう。

数値から「12:30」のような形式に変換できるのは助かりますね。

説明しよう! TIME関数の構文

タイム
=TIME (時,分,秒)

時刻の「時」「分」「秒」に該当する数値を引数[時][分][秒]に指定すると、時刻
（シリアル値）が表示される。

Episode
12

未来で待ってる

スケジュール関連のトラブルが発生すると、期日管理の強化のため、表に期日を追加する再発予防策がとられることがある。キュウの勤務先も例外ではなく、「翌月同日」や「月末日」を自動かつ正確に入力したいようだ。

翌年、翌月、同日、よりどりみどり

「ひと月後の同日が自動で期日に設定される資料を作って」と
課長に言われたけど、今の私には造作もないこと……！
YMD三人娘とDATEちゃんにお願いすればバッチリですよね？

キュウの考えた数式
=DATE(YEAR(B3),MONTH(B3)+1,DAY(B3))

‥‥‥‥ ひと月後の日付を
求めたい

キュウさん、頑張ってますね。
その方法もいいですけど、翌月同日を求めるなら、
数カ月前や数カ月後の日付を求めるEDATE関数のほうが確実ですよ。

説明しよう！ **EDATE関数の構文**

エクスパイレーション・デート
=EDATE（開始日,月）

引数 [開始日] から [月] の数だけ経過した日付を求める。マイナスの値を指定すると、[開始日] より前の日付が求められる。

数カ月前や数カ月後の日付に特化した関数があるんですか……！
たしかに、それを知りたいことはよくありますもんね。

しかも、引数も簡単です。
キュウさんの求めたい翌月同日なら、以下のようになります。

前月同日なら、引数[月]に
「-1」を指定します。

翌月同日の日付を
求められた

セルB4の数式
=EDATE(**B3,1**)

かんた〜ん。
ちなみに、翌年や前年の同日はどうやって求めますか？

月数で考えればいいですよ！
つまり、引数[月]に「12」や「-12」と指定します。

説明しよう！ DATE関数とEDATE関数の動作の違い

YEAR / MONTH / DAY関数とDATE関数を組み合わせた数式では、月末日近くの処理に注意しよう。例えば、基準日が2023/1/31なら、翌月同日に2023/2/31は存在しない。「MONTH＋1」で2月、存在しない日数分が翌月に繰り下げられて、結果は2023/3/3となる。一方、EDATE関数の結果は2023/2/28となる。運用方針に沿って使い分けよう。

	基準の日付	数式	結果
1			
2	2023/1/31	=DATE(YEAR(A2),MONTH(A2)+1,DAY(A2))	2023/3/3
3	2023/1/31	=EDATE(A3,1)	2023/2/28

EDATE関数は暦にあわせて
月末日を表示する

神出鬼没の月末日

課長が今度は「翌月末日が自動で確実に分かる資料がほしい」ですって。
でも、月末の日付って、月によって変わりますよね。
MONTHちゃん、どうしたらいいと思う？

う〜ん、実は月末日を捕まえるのって難しいんですよね。

数カ月前や数カ月後の月末を求めるEOMONTH関数がありますよ。
日付処理の関数は本当に充実していますね。
翌月末日を知りたいなら、以下のように引数[月]に「1」を設定します。
もし当月の末日を知りたいなら、「0」を指定してください。

G3			✓ : ✕ ✓ fx	=EOMONTH(A3,1)				
	A	B	C	D	E	F	G	H	I
1	交通費メモ							
2	利用日	行先	乗車	降車	種別	料金	申請締め切り	
3	2022/3/22	有泉ブックス	神保町	永田町	地下鉄	168	2022/4/30	
4	2022/3/22	有泉ブックス	永田町	神保町	地下鉄	168	2022/4/30	
5	2023/4/7	斉藤商会（鈴木さんMTG）	神保町	新宿三丁目	地下鉄	220	2023/5/31	
6	2023/4/7	斉藤商会（鈴木さんMTG）	新宿三丁目	神保町	地下鉄	220	2023/5/31	
7	2023/4/10	XHD発表会	神保町	三田	地下鉄	356	2023/5/31	
8	2023/4/10	XHD発表会	三田	神保町	地下鉄	356	2023/5/31	

入力した日付から翌月末日を求められた

セルB4の数式 =EOMONTH（A3,1）

楽ちん。
もう「にしむくさむらい」と考えなくてもいいんですね！

説明しよう！ ## EOMONTH関数の構文

=EOMONTH（開始日,月）
エンド・オブ・マンス

引数[開始日]から[月]の数だけ経過した月の月末日を求める。マイナスの値を指定すると、[開始日]より前の月の月末日が求められる。

ちなみに、EOMONTH関数の結果に「+1」すれば、
翌月の月初日を求めることもできますよ。

H3				fx	=EOMONTH(A3,1)+1			
	A	B	C	D	E	F	G	H
1	交通費メモ							
2	利用日	行先	乗車	降車	種別	料金	申請締め切り	修正期限
3	2022/3/22 有泉ブックス		神保町	永田町	地下鉄	168	2022/4/30	2022/5/1
4	2022/3/22 有泉ブックス		永田町	神保町	地下鉄	168	2022/4/30	2022/5/1
5	2023/4/7 斉藤商会（鈴木さんMTG）		神保町	新宿三丁目	地下鉄	220	2023/5/31	2023/6/1
6	2023/4/7 斉藤商会（鈴木さんMTG）		新宿三丁目	神保町	地下鉄	220	2023/5/31	2023/6/1
7	2023/4/10 XHD発表会		神保町	三田	地下鉄	356	2023/5/31	2023/6/1
8	2023/4/10 XHD発表会		三田	神保町	地下鉄	356	2023/5/31	2023/6/1

セルH3の数式 =EOMONTH(A3,1)+1

EOMONTH関数の結果の日付から
翌月の月初日を求められた

月末日の翌日は、翌月の月初日になることを利用した計算ですね！
このテクニックは誰かに褒められたいです！！

説明しよう！ # 日付を判定して当月末日か翌月末日を表示する

IF関数（P.102参照）を利用すると、日付によって当月か翌月かを切り替えて月末日を表示できる。例えば、締め日の20日より前なら支払日を当月末日、20日以降なら翌月末日といった処理に使える。「日」の大小比較にはDAY関数を利用する。

E8				fx	=IF(DAY(A8)<20,EOMONTH(A8,0),EOMONTH(A8,1))		
	A	B	C	D	E	F	G
1	経費リスト						
2	購入日付	購入先	品目	金額	支払期日		
3	2022/12/25	中川商事	コピー用紙 A4	5,000	2023/1/31		
4	2023/1/21	中川商事	コピー用紙 A4	6,000	2023/2/28		
5	2023/1/30	中川商事	コピー用紙 B5	5,880	2023/2/28		
6	2023/2/2	斉藤商会	ゼムクリップ（小）	1,620	2023/2/28		
7	2023/2/9	斉藤商会	ゼムクリップ（中）	2,480	2023/2/28		
8	2023/3/16	中川商事	コピー機トナー（黒）	12,800	2023/3/31		
9							

日付によって、当月
末日か翌月末日かを
切り替えられる

セルE8の数式
=IF(DAY(A8)<20,EOMONTH(A8,0),EOMONTH(A8,1))

NOW関数、いつ使うの？

 日時に関連する珍しい関数を2つ紹介しますね。

 何だか呼ばれた気がしたなぅ。
私はNOW。現在の日付と時刻を返します。

パソコンの時計を見れば
日時が分かるので
引数は必要ありません。

NOWちゃん
ナ　ゥ

特技
現在の日付・時刻を返す。

 NOWちゃん、いま何時？

 現在は「2023/4/2 12:11:52」です……

 ……と、このように
NOWちゃんは現在の日付と時刻を教えてくれます。
ん？ キュウさん。「いつ使うの？」って顔してますね。

 そっ、そんなことは……！
現在の日時が必要なことって、ありそうですよね〜。

NOWちゃんは、入力済みの日時と現在の日時を比較して
処理を判定したいときには欠かせないんですよ。
その場合はIFちゃんと組み合わせます。

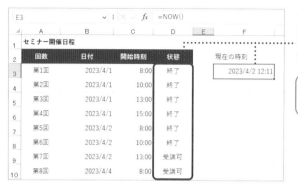

セミナーの開催日付と開始
時刻を連結して、現在の日
時と比較することで受講可
能かどうかを判定している

セルF3の数式
=NOW()

NOWちゃんと似た働きをするのが、TODAY関数です。
現在の日付を表示するので、本日と期日の間の日数を計算したり、
印刷時にその時点での日付を記載したりするときに重宝します。

現在の日付を
表示できる

セルE1の数式
=TODAY()

実は私、表の印刷日を修正し忘れることが多いんです……
TODAY関数、覚えておこう。

説明しよう！ **NOW / TODAY関数の構文**

=NOW ()
ナ ゥ
=TODAY ()
トゥデイ

NOW関数は現在の日時、TODAY関数は現在の日付を求める。ファイルを開いた
り、何らかの機能を実行したりすると表示が更新される。パソコンで管理されてい
る日時を取得して表示するため、いずれも引数は必要ないが、「()」は省略不可。

Episode 13

土日祝日、
働いたら負け!?

書類を作成して、遠隔地の支店に発送する仕事を任されたキュウ。その書類には、発送する期日が設定されているようだ。こういった期日はエクセルの表で管理するとミスが起きにくい。営業日を指折り数える必要はないのだ。

Sheet3　時を駆ける関数ちゃん

翌営業日は「○日後」

あの書類、今日から「4営業日以内」に発送だったっけ。
今日は5月1日だから、土日と休日を除くと、2、8、9……

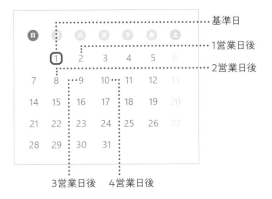

さては、営業日の計算はできないと思ってますね？
ありますよ、WORKDAY関数が！

どっ、土日と休日を除いた計算ですよ!?
そもそも休日は国や企業によっても違うのに、そんなことできるんですか？

休日はあらかじめ、リストを用意しておいてくださいね〜。
リストの内容は自由なので、いつでも「休日」にできますよ。
開始日と日数、休日のリストを引数に指定すればできあがり〜。

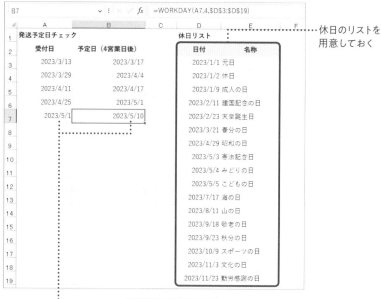

休日のリストを
用意しておく

受付日から4営業日後の
日付を求められる

セルB7の数式
=WORKDAY(A7,4,$D$3:$D$19)

WORKDAY関数の3つめの引数［祭日］で指定したセル範囲にある
日付が、土日以外の休日として解釈されます。
その結果、営業日だけを数えた期日が求められるわけですね。

これは無理だろうと思っていたのに……
あらためて関数の便利さを思い知りました!

説明しよう! **WORKDAY関数の構文**

=WORKDAY (開始日,日数,祭日)

引数［開始日］から数えて、土日を除いた［日数］が経過した日付を求める。土日以
外に除く祝日や休日は［祭日］に指定する。省略した場合は土日のみを除く。

まだあわてるような日付じゃない？

> 届出書類の作成、このペースで進めれば大丈夫だよね。
> 期日まで2カ月くらいあったはずだけど、
> 営業日にすると、実際あと何日あるんだっけ……？

基準日

期日までの期間の土日と休日を
除いた日数を知りたい

> 来月は社内研修もありますけど、計算に入れていますか？
> 作業可能な日数は、NETWORKDAYS関数で正確に把握しておきましょう。

> 社内研修、そうでした……それで2日は潰れますね。
> 見せてもらえますか、NETWORKDAYS関数の性能とやらを……

> NETWORKDAYS関数では、
> 期日までの日数を土日と休日を除いて求められるわ。
> WORKDAYS関数と同様に、休日のリストは用意しておいてね。

説明しよう！ **NETWORKDAYS関数の構文**

ネットワーク・デイズ
=NETWORKDAYS (開始日,終了日,祭日)

引数［開始日］から［終了日］までの日数を土日と［祭日］を除外して求める。［祭日］を省略した場合は土日のみを除外する。

93

休日のリストの最後に、社員研修の日付を追加しました。
NETWORKDAYS関数の引数[祭日]の参照先に、
そのセル範囲が含まれていることを確認しておきましょう。

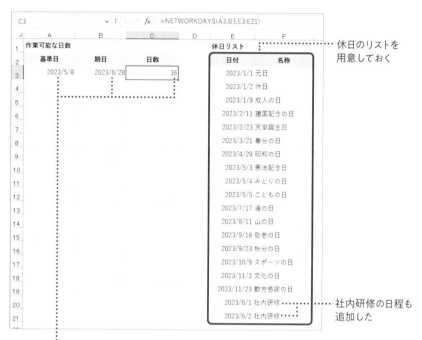

	A	B	C	D	E	F
1	作業可能な日数				休日リスト	
2	基準日	期日	日数		日付	名称
3	2023/5/8	2023/6/28	36		2023/1/1	元日
4					2023/1/2	休日
5					2023/1/9	成人の日
6					2023/2/11	建国記念の日
7					2023/2/23	天皇誕生日
8					2023/3/21	春分の日
9					2023/4/29	昭和の日
10					2023/5/3	憲法記念日
11					2023/5/4	みどりの日
12					2023/5/5	こどもの日
13					2023/7/17	海の日
14					2023/8/11	山の日
15					2023/9/18	敬老の日
16					2023/9/23	秋分の日
17					2023/10/9	スポーツの日
18					2023/11/3	文化の日
19					2023/11/23	勤労感謝の日
20					2023/6/1	社内研修
21					2023/6/2	社内研修

C3 `=NETWORKDAYS(A3,B3,E3:E21)`

休日のリストを
用意しておく

社内研修の日程も
追加した

期間内の土日と休日を除いた
日数を求められる

セルC3の数式
=NETWORKDAYS(**A3,B3,E3:E21**)

2カ月くらいあると思ってたのに、実際は「36」日！？
まだ余裕だと思ってたのに、意外と時間がない……

キュウさん、あきらめたらそこで試合終了ですよ？
課長に土曜日に休日出勤してもいいか、相談してみましょう。
それが承認されることを前提にして……
NETWORKDAYS.INTL関数で作業可能日数をあらためて計算しましょう！

（シノさんならきっと何とかしてくれる……！）
はい、お願いします！

NETWORKDAYS.INTL関数

ネットワーク・デイズ・インターナショナル
=NETWORKDAYS.INTL（開始日,終了日,週末,祭日）

引数［開始日］から［終了日］までの日数を［週末］と［祭日］を除いて求める。［週末］
に指定できる値は以下の通りで、省略した場合は土日のみを除く。

■ 引数［週末］に指定できる値

値	除外する曜日	値	除外する曜日
1または省略	土、日	11	日
2	日、月	12	月
3	月、火	13	火
4	火、水	14	水
5	水、木	15	木
6	木、金	16	金
7	金、土	17	土

NETWORKDAYS.INTL関数では、
［週末］という引数で除外する曜日のパターンを指定できます。
「11」を指定して日曜日だけを除外し、土曜日は営業日扱いにすると……

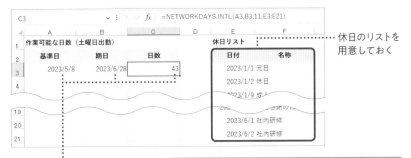

C3　　　　　　　∨ : × ✓ fx =NETWORKDAYS.INTL(A3,B3,11,E3:E21)

休日のリストを
用意しておく

期間内の日曜日と休日を除いた
日数を求められる

セルC3の数式
=NETWORKDAYS.INTL(A3,B3,11,E3:E21)

7日間増えて「43」日になりました。これなら間に合うかも！？
完璧な計画ですね。土曜出勤が前提という点を除いては……

ふぅ……何とかなりそうですね。
ちなみに、NETWORKDAYS.INTL関数の引数[週末]には、
1週間のはじまりを月曜日として、7桁の値で指定する方法もあります。
例えば「1010000」と指定すると、月曜日と水曜日を除外して計算します。
「0」は営業日、「1」は休業日を表すわけですね。

7桁の値は「"」で囲んで指定することをお忘れなく。
お仕事たいへんそうですが……おふたりともほどほどにね。

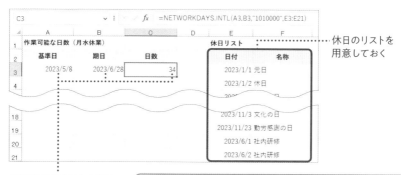

……休日のリストを
用意しておく

期間内の月曜日と水曜日、
休日を除いた日数を求めら
れる

セルC3の数式
=NETWORKDAYS.INTL(A3,B3,"1010000",E3:E21)

説明しよう！ **平日や土日を判定するWEEKDAY関数**

=WEEKDAY(シリアル値,種類)
ウィークデイ

曜日関連の関数としては、WEEKDAY関数も覚えておきたい。引数[シリアル値]に
指定した日付の曜日を調べられる。結果は引数[種類]に指定する数値(1~17)によ
り異なるが、省略して構わない。省略した場合、日曜~土曜に対応する「1~7」の
数値が返されるので、IF関数と組み合わせた処理の振り分けが可能だ。

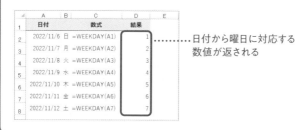

日付から曜日に対応する
数値が返される

シノさんのピンポイント解説！

NETWORKDAYS関数とNETWORKDAYS.INTL関数のように、WORKDAY関数にも「.INTL」付きのWORKDAY.INTL関数があります。特定の曜日を除きたいときに利用してください。

特定の曜日を除いて「○営業日後」の日付を表示する

WORKDAY関数は、土日と休日を除いて指定した日数分経過した日付を求めますが例えば火曜日と休日を除くようなときには適しません。WORKDAY.INTL関数を利用しましょう。除外する曜日を指定する引数[週末]の数値は、NETWORKDAYS.INTL関数の引数[週末]と共通です。

ワークデイ・インターナショナル
=WORKDAY.INTL (開始日,日数,週末,祭日)

引数[開始日]から数えて[日数]が経過した日付を[週末]と[祭日]を除いて求める。

······→ 基準日

基準日から火曜日とリストの休日を除いた4営業日後の日付を調べる

······→ 火曜日とリストの休日を除いた4営業日後は10日となる

······→ 休日のリストを用意しておく

日付のセル範囲を[祭日]に指定する

基準日から火曜日とリストの休日を除いて4営業日後の日付を求められる

セルB3の数式
=WORKDAY.INTL(**A3,4,13,**D3:D19)

Episode

14

曜日？
手入力しないで

スケジュール表を作成して関係者に送付したキュウ。しかし、翌日にメールを
チェックすると「日付と曜日がずれている」との大量の問い合わせが。ついやって
しまいがちなミスだが、同じ徹を踏まないようにする方法は……？

曜日の錬金術師

「スケジュールの日付と曜日がずれています。
正しいのは日付ですか？ 曜日ですか？」とのお問い合わせが……
またやっちゃいました。ううぅ……

火曜日の日付に「水」と
入力していた

カレンダーを見ながら曜日を手入力していた様子が目に浮かびます……
日付と曜日は一対なので、日付を参照して曜日が表示できれば
盤石ですよね。TEXT関数を使えば、次のようにできますよ。

説明しよう！ **TEXT関数の構文**

テキスト
=TEXT (値,表示形式)

引数 [値] に指定した数値を [表示形式] に指定した形式の文字列に変換する。[表
示形式] に指定する書式記号は「"」で囲んで指定する。

セルB4の数式
=TEXT(**A4**,"aaa")

日付が入力されたセルを参照して、曜日を表示できる

これなら間違えようがなくて、安心ですね。
ところで「"aaa"」って、こんな引数で大丈夫ですか？

大丈夫です、問題ありません。
これは「書式記号」といって、TEXT関数だけでなく、
セルの表示形式でも使う記号なんです。

■ 年（年号）・月日・曜日の書式記号

書式記号	結果の例
yy	23
yyyy	2023
g	R
gg	令
ggg	令和
ggge	令和5

書式記号	結果の例
m	4
mm	04
mmm	Apr
mmmm	April
d	1
dd	01

書式記号	結果の例
aaa	土
aaaa	土曜日
ddd	Sat
dddd	Saturday

書式記号は「"」で囲んで指定してください。
組み合わせると、日付の表示をいろいろと切り替えられます。

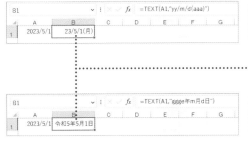

セルB1の数式
=TEXT(**A1**,"yy/m/d(aaa)")

TEXT関数で日付の表示を
切り替えられる

セルB1の数式
=TEXT(**A1**,"ggge年m月d日")

日本の元号にも切り替えられるんですかっ！
私、ずっと「令和」って手入力していました！

実は、書式記号をセルの表示形式に指定しても
日付の表示を切り替えられます。
[セルの書式設定]ダイアログボックスを表示するショートカットキー
Ctrl＋1も覚えておくと便利ですよ。

日付の入力されたセルを参照する
数式が入力されている

セルB2の数式　=A2

表示形式を変更するセル範囲を選択しておく

❶ Ctrl＋1キーを押す

❷ [ユーザー定義]をクリック

❸ 「aaa」と入力

表示形式に書式記号を指定する
ときは「"」で囲まなくてよい

❹ [OK]をクリック

表示形式が変更されて、
セルの表示が切り替わった

私にはできないことを平然とやってのける……
そこにシビれます！憧れます！

4

もしも願いが
叶うなら……

条件分岐を知ることは、
エクセルの深淵にまた一歩
近づくということ。
強大な力は自らを滅ぼす
おそれがある故、扱いには
十分注意されたし……です。

IF

Episode 15

私はたぶん、三重目だと思うから

取引先を評価ランクで分類するため、取引先コードの一覧とスコアが入力されたファイルを入手したキュウ。数式の説明が省かれており、自分で解読していく必要がありそうだが、そこには見慣れない関数が佇んでおり……

開かれる真の書・偽の書

シノさん、他部署の人が作ったファイルにIF関数がありました。
私、どうも苦手意識があって、見ると固まってしまいます……

気持ちは分かりますよ、キュウさん。
ひとまず条件分岐について、おさらいしておきましょう。
「もし○○なら△△、そうでなければ□□」というように、
条件の結果によって、その後の処理を振り分けることを指します。
図で表すと、以下のようになります。

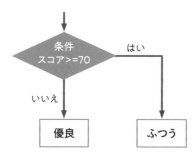

この図では「もし70点以上なら優良、そうでなければふつう」を
例にしています。同様の図は「フローチャート」といって、
処理の流れを図解するためにシステム開発などでも使われていますね。

はい、私も見たことがあります。
この条件分岐を関数で実現するのが……
前にちょっとだけ会ったことのあるIFちゃんですね？

はい、そうです！
文字通り一筋縄ではいかない曲者、IFちゃんを紹介しましょう。

私はIF。運命の分かれ道に立つ者……
論理式の結果に応じて、真の書・偽の書のいずれかを開きます。

IFちゃんは、ほかの関数ちゃんとはひと味違っていて、
実行する処理と条件を設定できるのが特徴です。
運命の分かれ道……だけじゃなくて、
プログラミングの世界にも足を踏み入れる関数だと私は思っています。

私は条件に一致するか否かで、
処理を分岐させる力を持つなり。
実行されない処理は棄却され、
誰の目にも映ることはなし……です。

IFちゃん
（イ フ）

特技

論理式が真（TRUE）か、偽（FALSE）かを判定して、該
当する場合の処理を実行する。

うーん、何となく便利っぽいのは分かるのですが、
まだ具体的なメリットを理解できないです……

IF関数の構文

=IF (論理式, 真の場合, 偽の場合)
イ フ

引数 [論理式] が真 (TRUE) なら [真の場合] の値、偽 (FALSE) なら [偽の場合] の値を返す。[真の場合] や [偽の場合] を省略すると「0」とみなされる。

引数 [論理式] に記述する条件が、IFちゃんと上手に付き合うポイントです。基本的な処理を見てみましょう。

C2				fx	=IF(B2>=70,"優良","ふつう")	
	A	B	C	D	E	F	G
1	受験番号	スコア	判定		判定基準		
2	0001	59	ふつう		70点以上	優良	
3	0002	99	優良		69点以下	ふつう	
4	0003	78	優良				

「70点以上」なら「優良」、それ以外 (69点以下) なら「ふつう」と判定できる

セルC2の数式 =IF(B2>=70,"優良","ふつう")

参照するセルの値によって、
表示させる文字列を切り替えている……？

先ほどのフローチャートと同様に、
条件に一致するか否かで処理を分岐させています。
私の数式の動きを紐解けば、次のように表せよう……

…………………………………… セルB2の値は「59」
=IF(**B2**>=70,"優良","ふつう")

⬇

……………………………… 「59>=70」は
成り立たない
=IF(**59>=70**,"優良","ふつう")

⬇

………………………… 「59>=70」の結果は
「FALSE」となる
=IF(**FALSE**,~~"優良"~~, ("ふつう"))

[真の場合] は否定されて
………………… [偽の場合] の「ふつう」が表示される

「B2>=70」の「>=」は、数学で習った「大なりイコール」ですね。
ということは、「○○以下」は「B2=<70」と指定すればいいですか?

「○○以下」の表現は「<=」が正しいですが、
「=<」と入力すると、自動的に「<=」に修正されます。
このような記号は「比較演算子」といって、以下の種類がありますよ。

文字列が等しい、等しくないを条件にするなど、
私の引数で文字列を指定するときは「"」で囲んでください。
以下の「使用例」も参照されたし……です。

■ 比較演算子の種類と使用例

演算子	名称	使用例	意味
=	等しい	B3="新宿" B3=2000	セルB3が「新宿」 セルB3が「2000」
<>	等しくない	B3<>"" B3<>0	セルB3が空白("")ではない セルB3が「0」ではない
>=	以上	B3>=3500	セルB3が「3500」以上 (「3500」を含む)
<=	以下	B3<=3500	セルB3が「3500」以下 (「3500」を含む)
>	より大きい	B3>1500	セルB3が「1500」より大きい (「1500」を含まない)
<	より小さい	B3<1500	セルB3が「1500」より小さい (「1500」を含まない)

比較演算子の使い方と文字列を「"」で囲むルールは、
IFちゃんの数式に限らず、いろいろな場面で共通です。
覚えておいてください。

説明しよう! **論理式のルール**

IF関数の引数[論理式]には「もし~なら」の条件を指定する。2つの要素を比較する
ときは、比較演算子でつなぐのがルールだ。また、比較対象がセル番地や数値のと
きは直接指定で構わないが、文字列は「"」で囲んで指定する。

条件分岐について基本的な動作は理解できましたが、
分岐が2つだけだと、合否のような限られた場面でしか使えないですよね?
条件によって、3つにグループ分けする可能性があるのですが……

 ネストを使えば、分岐を増やせますよ。
IFちゃんの引数[偽の場合]に、IFちゃんの数式を指定するんです。

 私の得意ワザ・分身の術をお見せしましょう……

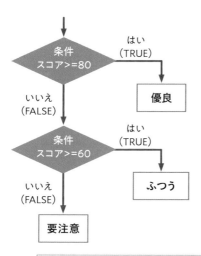

 論理式が否定された場合の処理に、さらに条件分岐を置くことで、
どんどん複雑に分岐させることができます。

 そう、このように2人目の私を引数[偽の場合]に指定するのです。
2人目の私がさらに「真」と「偽」に処理を分岐させます……

 え、何かふたりとも分身してませんか!?

「80点以上」なら「優良」、「60点以上」なら「ふつう」、
それ以外（59点以下）なら「要注意」と表示できる

セルC2の数式
=IF(B2>=80,"優良",IF(B2>=60,"ふつう","要注意"))

分身の術中における私の動きを、詳しく紐解いてみます……

セルB2の値は「59」
=IF(B2>=80,"優良",IF(B2>=60,"ふつう","要注意"))

⬇

「59>=80」は成り立たない
=IF(59>=80,"優良",IF(B2>=60,"ふつう","要注意"))

⬇

「59>=80」の結果は ……外側のIF関数の「真の場合」が否定されて、
「FALSE」となる   内側のIF関数に処理が移る
=IF(FALSE,~~優良~~,IF(B2>=60,"ふつう","要注意"))

⬇

「59>=60」は成り立たない……
=IF(FALSE,~~優良~~,IF(59>=60,"ふつう","要注意"))

⬇

「59>=60」の結果は……………   ……[真の場合]が否定されて
「FALSE」となる   [偽の場合]の「要注意」が表示される
=IF(FALSE,~~優良~~,IF(FALSE,~~ふつう~~,"要注意"))

なるほど……
外側の論理式の結果がFALSEになると、
次に内側の論理式が待っているんですね。

IFちゃんの分身の術は、引数に自分（IF）を指定する
ネストのテクニックとも言い換えられますね。

数値の大小を比較するときは、外側の条件を厳しく指定してください。
先ほどの数式で、外側の論理式に「B2>=60」とすると判断を誤ります。
注意されたし……です。

セルC2の数式 ※間違い
=IF(B2>=60,"ふつう",IF(B2>=80,"優良","要注意"))

外側のIF関数で「B2>=60」を判定すると、60点以上はすべて
「ふつう」と表示されてしまう

たしかに、外側の条件で間違って判断したら、
ネストしている意味がありませんね……

厳しい条件でふるいにかけて、除外されたものを
さらに絞り込んでいくことをイメージすると設定しやすいですよ。
複雑に思うときは、条件を図に書いて整理するのもおすすめです。

ねぇねぇ、IFちゃん。（ちょっと慣れてきた！）
分身の術って何人までいけるの？

それは……いま答える必要はなしと判断します。

説明しよう！　**［真の場合］にネストする**

ここではIF関数を［偽の場合］にネストしている。論理式の判定結果（TRUE /FALSE）を
読み解きやすい記述方法だ。［真の場合］にネストしても構わないが、内側のIF関数
の条件を厳しくする必要がある。条件を指定する順番に十分注意しよう。

セルC2の数式 ※［真の場合］にネスト
=IF(B2>=60,IF(B2>=80,"合格","再テスト"),"不合格")

IFちゃんの活用シーンはいろいろありますが、数式の構造は同じです。
条件とする引数[論理式]の後ろが[真の場合]と意識すると、
数式を読み解きやすくなります。

会員区分が「特別」なら10%割引、「一般」なら5%割引、
それ以外（非会員）なら割引なしで計算する

引数は
セル参照しても
いいです。

セルD3の数式　=IF(B3="特別",C3*0.9,IF(B3="一般",C3*0.95,C3))

「10%割引」は元の数値の0.9倍、「5%割引」は0.95倍ですね。
会員区分によって異なる割引率を元の金額に掛けています。

さらに！ IFちゃんの引数にはいずれも、ほかの関数を指定できます。
以下は「日付が20より小さい」、つまり「20日より前」なら「当月末日」、
それ以外（20日以降）なら「翌月末日」を表示する処理になります。

購入日付が20（日）より前なら当月末日、それ以外
（20日以降）なら翌月末日を表示する

セルE3の数式　=IF(DAY(A3)<20,EOMONTH(A3,0),EOMONTH(A3,1))

（IFちゃん、やはり一筋縄ではいかない……）
す、すごいですね。手作業で処理することを考えたらゾッとします……

エラーなんてなかった。いいね？

イベントの販売実績を入力しているのですが、
元から入力済みの数式の結果として「0」が表示されてしまいます。
あまり見栄えがよくないので、見えなくしたいのですが……
これもIFちゃんで何とかなりますか？

セルE7の数式
=D7-C7

.... 入力済みの数式の結果として
「0」が表示されている

あらかじめ行数分の数式が入力されていることはよくありますね。
空白である「=""」、もしくは空白ではない「<>""」を条件にしましょう。
どちらを使うかで「真」と「偽」が逆になるので注意してください。

セルE7の数式
=IF(B7="","",D7-C7)

.... 商品名が空白("")なら、
空白("")を表示する

商品名が入力されている（空白ではない）ことを条件に
するときは「=IF(B7<>"",D7-C7,"")」と入力する

「=""」や「<>""」
の論理式は
よく使います。

110

シノさん、これも見てもらえますか?
先ほどの販売実績の表に利益率の列を追加して、
同じく「0」だった場合は非表示にしようと思ったんですが、
今度は[#DIV/0]エラーが出てしまいました……

あら、これはIFちゃんが原因ではないですね。
たしかに試供品の売上は「0」になると思いますが、
利益をその「0」で割ってしまっているので、エラーになります。

セルF7の数式
=IF(B7="","",E7/D7)

「0」で割ったため、
[#DIV/0]エラーが
表示された

エラー値を判定して処理を分岐するなら、私に任せてください。
エラーを非表示にするだけでなく、
「ー」のような任意の文字列を表示させることもできます。

IF関数の結果がエラー値の
場合に「ー」を表示する

セルF7の数式 **=IFERROR(IF(B7="","",E7/D7),"ー")**

IFERRORちゃん、ちょうどいいところに!
この数式の処理について教えてもらえますか?

以下のように説明できます。
私が判定するのは「エラー値であるかどうか」なので、
IFちゃんの結果がエラー値であれば、「ー」を返します。
エラー値でなければ、IFちゃんの結果をそのまま返します。

IF関数の結果が ……
エラー値なら　　　　　　　　　　…「ー」を表示する
=IFERROR(IF(B7="","",E7/D7),"ー")

エラー値でなければ、IF関数の結果を
そのまま表示する

2つめの引数に「エラー値」の場合の
処理を指定するの。
「""」なら空白になります。

「エラー値だったら○○する」ということですね。
そういえば、エラー値の判定はISERRORちゃんも得意だったような……？

私はエラー値かどうかの判定だけで、条件の分岐はできません。
判定結果をIFちゃんの条件にすることはできますが、
どうしても数式が長くなってしまいます。

F7			✓ : × ✓ ƒx	=IF(B7="","",IF(ISERROR(E7/D7),"ー",E7/D7))		
▲	A	B	C	D	E	F	G

No	商品名	原価	売上	利益	利益率
	プロモーションイベント販売記録				
1	ハートペン	32,300	37,790	5,490	14.5%
2	デリシャスペン	23,840	27,800	3,960	14.2%
3	マジカルペン	28,000	34,760	6,760	19.4%
4	プリンセスペン	35,960	43,500	7,540	17.3%
5	スイートペン（試供品）	43,100	0	-43,100	ー

ISERROR関数を論理式
として処理する

ISERROR関数の結果が
「TRUE」なら「ー」を表
示する

セルF7の数式 ※ISERROR関数を利用
=IF(B7="","",IF(ISERROR(E7/D7),"ー",E7/D7))

あっ、そうか。
ISERRORちゃんはエラー値なら「真」(TRUE)を返すのですね。
数式の長さにややこしさが加わって、思考回路がショート寸前です。

IF関数に慣れないうちは、指定する論理式の内容に悩むことがあるでしょう。セルに条件式を入力してチェックできますよ。また、「=」を使って値を比較するテクニックも覚えておくと便利です。

条件式をチェックする

IF関数の条件に指定する論理式が正しくなければ、意図する結果が得られません。論理式の先頭に「=」を追加してセルに入力し、チェックしてみましょう。結果が「TRUE」(真)か「FALSE」(偽)で表示されます。

IF関数に指定する論理式の正誤を
事前に確認できる

セルC2の数式 =B2>=70

論理式の先頭に「=」を追加して、セルに入力すると結果が「TRUE」か「FALSE」で表示される

セルの値を比較する

比較演算子の「=」を使って、セルの値を比較するテクニックも覚えておきましょう。「=A2=B2」のように入力します。「=」が2つ並ぶ不思議な数式ですが、1つめの「=」は数式のはじまりを意味しており、2つめの「=」はセルA2とB2が等しいかどうかの論理式を表します。2つのセルが等しければ「TRUE」、等しくなければ「FALSE」と表示されます。

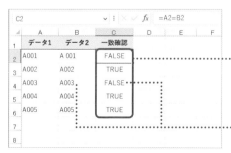

セルC2の数式 =A2=B2

2つのセル番地を「=」でつないで入力すると、結果が「TRUE」か「FALSE」で表示される

見た目で区別しにくい末尾のスペースなども判断できる

AND / OR

Episode

16

アンド・と・オア!

会議室に新しく設置するデスクを選定するための資料を作成しているキュウ。しかし、価格が条件に一致するかどうかを判定する論理式が上手く動作せず、困り果てている。論理式のルールとAND / OR関数の使い方を確認しよう。

すべては「AND」、いずれかは「OR」

シノさん、IFちゃんの条件に「○○以上、○○以下」の論理式を設定しても、結果を正しく表示してくれません……

······ 論理式が正しくないため、すべてのデータが偽（FALSE）と判定されてしまっている

セルD2の数式 ※間違い　=IF(8000<=C2<=10000,"○","×")

この論理式……キュウさんの気持ち、とってもよく分かります。
でも、論理式は「2つの要素」を比較演算子でつなぐのがルールなんです。
「3つの要素」を2つの比較演算子でつなぐのは、ルールから外れています。

そうでした……
ルールを守って条件を指定しなきゃいけないということですね。

はい！ そのために、条件と条件をつなぐAND / OR関数があります。
AND関数は論理式のすべてがTRUEの場合に「TRUE」を返し、
OR関数は論理式のどれか1つがTRUEなら「TRUE」を返します。

説明しよう！ **AND / OR関数の構文**

=**AND** (論理式1, 論理式2,..., 論理式255)
アンド

=**OR** (論理式1, 論理式2,..., 論理式255)
オ ア

AND関数は引数 [論理式] がすべてTRUE（真）であれば「TRUE」、1つでもFALSE（偽）
があれば「FALSE」を返す。OR関数は1つでもTRUE（真）であれば「TRUE」、すべて
FALSE（偽）であれば「FALSE」を返す。空のセルや文字列が入力されたセルは無視す
る。数値の「0」はFALSE、0以外の数値はTRUEとみなされる。

ANDとORで、作ってみました！
下限・上限価格の両方を満たす条件はAND関数、
上限価格とサイズのどちらかを満たす条件はOR関数で解決です。

D2			fx	=IF(AND(C2<=10000,C2>=8000),"○","×")			
	A	B	C	D	E	F	G	H
1	商品名	サイズ	価格	条件内		条件(AND)		
2	ゴージャス-L	大	12,000	×		上限価格	10,000	
3	ゴージャス-M	中	10,000	○		下限価格	8,000	
4	ゴージャス-S	小	8,000	○				
5	コンフォート-L	大	9,000	○				
6	コンフォート-M	中	8,000	○				
7	コンフォート-S	小	7,000	×				

……… 下限価格以上、かつ、
上限価格以下の商品に
「○」が表示される

セルD2の数式 =IF(**AND**(C2<=10000,C2>=8000),"○","×")

D2			fx	=IF(OR(C2<=7000,B2="小"),"○","×")			
	A	B	C	D	E	F	G	H
1	商品名	サイズ	価格	条件内		条件（OR）		
2	ゴージャス-L	大	12,000	×		上限価格	7,000	
3	ゴージャス-M	中	10,000	×		サイズ		小
4	ゴージャス-S	小	8,000	○				
5	コンフォート-L	大	9,000	×				
6	コンフォート-M	中	8,000	×				
7	コンフォート-S	小	7,000	○				

……… 上限価格とサイズの
どちらかを満たす商品に
「○」が表示される

セルD2の数式 =IF(**OR**(C2<=7000,B2="小"),"○","×")

Episode

17

IF,IF,IF,IF……

取引先をより細かくグループ分けする案が社内で承認され、キュウはその検討資料を作成することになった。条件をより細かく指定する必要があるため、IFちゃんの分身が何人までいけるのか、気になって仕方ないのだが……

何人まで分身できる?

IFちゃん、次の数式では4つの条件分岐が必要になりそうなんです。
何人まで分身できるのか、教えてよ〜。

……一度試したことがあるのですが、64体が限界でした。

試したんだ……
でも、IFちゃんのネストは3つくらいが現実的かなと思います。
以下が3つのネストですが、これ以上はIFS関数を使ったほうがいいですね。

「80点以上」なら「優良」、「60点以上」なら「ふつう」、「40点以上」は
「要注意」、それ以外(39点以下)なら「きけん」と表示される

| C2 | | | | fx | =IF(B2>=80,"優良",IF(B2>=60,"ふつう",IF(B2>=40,"要注意","きけん"))) | | | | | | | |

	A	B	C	D	E	F	G	H	I	J	K	L
1	受験番号	スコア	判定		判定基準							
2	0001	59	要注意		80点以上	優良						
3	0002	99	優良		60点以上	ふつう						
4	0003	78	ふつう		40点以上	要注意						
5	0004	34	きけん		39点以下	きけん						

セルC2の数式
=IF(B2>=80,"優良",IF(B2>=60,"ふつう",IF(B2>=40,"要注意","きけん")))

（64体って本当!? 試したい！）
あれ!? IFちゃんの数式をいじっていたらエラーが出てしまいました！

関数の構文が間違っている
ときなどに表示される

指定した引数のデータ型の
不一致や余計な文字列を含
んでいないかなどを確認する

それは数式の構文が誤っているときに表示されるエラーですね。
「,」を忘れていないかなどを点検してみましょう。
数式の入力中に表示されるエラーは、ほかにもあります。

引数の数が多いとき
などに表示される

余計な「,」がないか
確認する

関数のカッコの数が
一致していないときに
表示される

メッセージの内容を
よく読むことが
原因究明のカギです。

数式の自動修正の内容を
提示されることもある

あぁ、どれも見慣れた人たちです。

Enter キーで確定できなかったり、
確定できてもエラー値が表示されたりしますね。
Esc キーを押すと数式の編集をキャンセルできるので、
困ったときに試してください。

存在の耐えられないネスト

IFちゃんを何重にもネストしようとすると、
ルールから外れずに修正するのが難しいです……

そういった悩みを解決するのにも、IFS関数が役立ちます。
カッコも一組で済みますから。キュウさん頑張りましょう!

説明しよう! **IFS関数の構文**

イフ・エス
=IFS (論理式1, 真の場合1, 論理式2, 真の場合2, …, 論理式127, 真の場合127)

引数 [論理式1] が真（TRUE）なら [真の場合1] の値を返し、偽（FALSE）なら [論理式2]
を調べる。[論理式2] が真なら [真の場合2] の値を返し、偽なら [論理式3] を調べ
る……のように、論理式を順に調べて異なる値を返す。[真の場合] を省略すると
「0」とみなされる。Excel 2021 / 2019、Microsoft 365のExcelで利用可能。

「80点以上」なら「優良」、「60点以上」なら「ふつう」、「40点以上」は
「要注意」、それ以外（39点以下）なら「きけん」と表示される

セルC2の数式
=IFS(B2>=80,"優良",B2>=60,"ふつう",B2>=40,"要注意",TRUE,"きけん")

すごい! 4つの条件分岐ができています!
ん? でも引数[論理式]の4つめが「TRUE」となっているのはなぜですか?

先ほどの例のIFS関数では、数式の左から順に
「80点以上」「60点以上」「40点以上」という条件でふるいにかけています。
最後の「TRUE」は「左の条件を満たさないものすべて」という意味になり、
「39点以下」を表現しているわけですね。

最後の論理式の「TRUE」は、漏れなく
いずれかの条件に一致させるための「すべり止め」みたいなものです。
この「TRUE」を指定せずに、どの条件も満たさない場合は
[#N/A]エラーになるので注意されたし……です。

最後の「TRUE」は決まり文句として
覚えておくとよい……です。

説明しよう! 条件は厳しい順に並べる

IFS関数の論理式は、左(前)から順番に処理されることを覚えておこう。数値の
大小を比較する論理式を指定するときは、条件の厳しい順に並べるのがポイン
トだ。例えば、セルB3に「99」と入力されていて、IFS関数の1つめの[論理式]に
「B3>=40」と指定したとする。99点は「優良」のはずだが、「B3>=40」の条件を
満たして「要注意」と表示されてしまうのだ。

99点は「優良」のはずだが、最初の条件(B3>=40)を
満たしたため、「要注意」と表示されてしまった

セルC3の数式 ※間違い
=IFS(B3>=40,"要注意",B3>=60,"ふつう",B3>=80,"優良",TRUE,"きけん")

Episode 18

条件を指定して、カウント

クレーム対応業務の改善を検討すべく、直近の対応を記録したデータを受け取ったキュウ。このデータを分析して改善の糸口をつかみたいところだが、手始めにCOUNTAちゃんにお願いしたものの、苦戦している様子で……

何でもは数えないわよ。条件一致のセルだけ

 キュウちゃん、「A」を並べて何をしているんだ？

 クレーム対応結果の分類ごとの件数を知りたくて。
「A」だけ抜き出した列を作って、数えているのだけど……

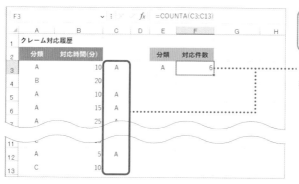

セルF3の数式
=COUNTA(**C3:C13**)

「A」だけを抜き出して
数えている

 悔しいけど、そういう細かい条件が付くのはCOUNTIFのやつが得意だよ。
私を頼ってくれてうれしいんだけどさ……

COUNTIF……カウント・イフ……
「イフ」って、まさか！？

そう、条件を指定できるわ。
「A」だけ数えればいいんだよね？　すぐにできるわよ。

はじめまして、COUNTIFよ。
条件付きのカウントを得意としているわ。
別に褒めてほしくはないけれど、
ワイルドカードを使った
あいまい検索にも対応できるんだからね。

カ ウ ン ト ・ イ フ
COUNTIFちゃん

特　技
セル範囲から条件を満たすデータを数える。

説明しよう！　**COUNTIF関数の構文**

カ ウ ン ト ・ イ フ
=COUNTIF（範囲, 検索条件）

［範囲］には、検索の対象とするセル範囲を指定する。［検索条件］には、検索の条件を数値または文字列で指定する。直接指定するときは「"」で囲む。

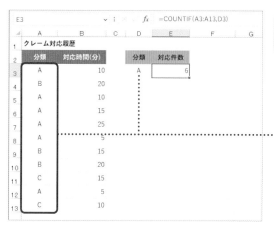

セルE3の数式
=COUNTIF(A3:A13,D3)

「=COUNTIF(A3:A13,"A")」
のように記述してもよい

…… 「A」を条件にして
数える

わぁ！もうできた！
「A」を抜き出す必要もなく、「A」だけを数えられています！
もっと早く知っていれば、さっきの作業は必要なかったのに～。

言った通りだろう？
COUNTIFは、リング（シート）上のテクニシャンなんだよ。

何だか盛り上がってますね～！
COUNTIFちゃんの引数［検索条件］には、文字列も直接指定できますよ。
この例なら「=COUNTIF(A3:A13,"A")」のように記述しても構いません。
ただし、文字列は「"」で囲むのがお約束です。

数式中では「"」で囲んでくれていないと、文字列として見れないのよね。
目の前に「A」があっても、私はカウントできないから気をつけて。
このあたりのコツは、場数を踏めば身に付いていくはずよ。

数式中に指定じゃなくて、
セルを参照するときは
「"」で囲まなくていいぞ。

整理整頓、検索条件

シノさんが来てくれたから、聞いてもいいですか？
実はもうひとつ試してみたい集計がありまして。
「B」と「C」をあわせて数えることってできますか？

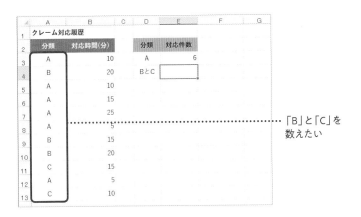

「B」と「C」を
数えたい

え〜と、どれどれ？
この表を見ると、「B」と「C」を数える処理は
「B」と「C」の数を足すか、「A」以外を数えるか、
2つの方法が考えられますね。まずは前者を考えてみましょう。

えーと、結果のセルを足せばいいですか……？

説明しよう！　検索条件を見極める

上の例では、分類に「A」「B」「C」と入力されている。『「B」と「C」を数える』場合、シノの提案のように次の2通りが考えられ、どちらも同じ結果になる。

- 「B」の数と「C」の数を足す
- 「A」以外を数える

ただし、もし分類に「A」「B」「C」「D」と入力されているなら、『「A」以外を数える』方法は使えない。「D」が含まれてしまうからだ。COUNTIF関数などで指定する検索条件は、数式を記述する前にあらかじめ整理しておこう。

「B」の数と「C」の数を足すには、私の数式を「+」でつなげるだけよ。
私はカウントの結果を「数値」で返すから、四則演算ができるの。

COUNTIFちゃんの数式を足し算すればいいんですね！

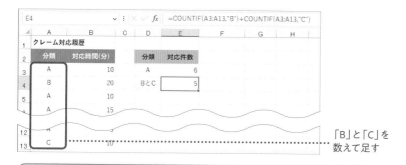

「B」と「C」を
数えて足す

セルE4の数式 =COUNTIF(**A3:A13**,"B")+COUNTIF(**A3:A13**,"C")

さっきの後者、A以外を数える方法なら、次のように記述して。
「○○ではない」を条件にするときの比較演算子は覚えてる？
「<>A」で『「A」以外』を表現できるわ。

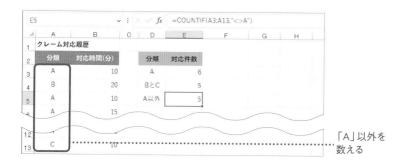

「A」以外を
数える

セルE5の数式 =COUNTIF(**A3:A13**,"<>A")

ね、簡単でしょう？
上の表にある通り、「BとC」「A以外」のカウント結果は
ちゃんと一致するので、どちらの方法でもOKです。

ガードの隙間をつく精密なカウント

いま台帳を集計していて、部門が「A部門」、
科目が「機械及び装置」の資産を数えたいのですけど……
部門の下層に科目があるから、先ほどの足し算では無理な予感がします。
どうしたらいいでしょうか？

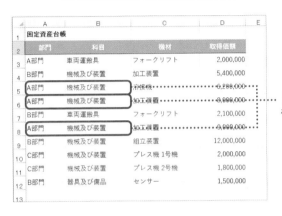

	A	B	C	D	E
1	固定資産台帳				
2	部門	科目	機材	取得価額	
3	A部門	車両運搬具	フォークリフト	2,000,000	
4	B部門	機械及び装置	加工装置	5,400,000	
5	A部門	機械及び装置	研削機	6,288,000	
6	A部門	機械及び装置	加工装置	9,999,999	
7	B部門	車両運搬具	フォークリフト	2,100,000	
8	A部門	機械及び装置	加工装置	9,999,999	
9	B部門	機械及び装置	組立装置	12,000,000	
10	C部門	機械及び装置	プレス機 1号機	2,000,000	
11	C部門	機械及び装置	プレス機 2号機	1,800,000	
12	B部門	器具及び備品	センサー	1,500,000	
13					

…… 「A部門」の「機械及び装置」を数えたい

キュウさんの予想通り、COUNTIFちゃんの足し算では
「A部門」の数と「機械及び装置」の数の合計になってしまうので、
このケースだと間違いになってしまいますね……

でも、心配には及びません。
「〇〇かつ□□」といったAND条件で数えたいときは、
COUNTIFS関数を使いましょう！

複数の条件を指定できるから、COUNTIF「S」なんですね。
すぐに使い方を知りたいです！

説明しよう！ **COUNTIFS関数の構文**

カウント・イフ・エス
=COUNTIFS (検索条件範囲1, 検索条件1, 検索条件範囲2, 検索条件2, … ,
検索条件範囲127, 検索条件127)

セル範囲から条件を満たすデータの数を数える。引数 [範囲] と [検索条件] のセットは127個まで指定可能。複数の条件はAND条件として見なされる。[検索条件] を直接指定するときは「"」で囲む。

Sheet4

もしも願いが叶うなら……

セルH3の数式　=COUNTIFS(**A3:A12,F3,B3:B12,G3**)

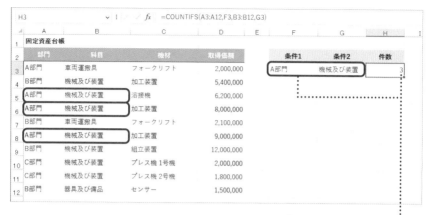

「A部門」かつ「機械及び装置」
の資産を数えられる

関数名の最後に「S」が付いていて、複数条件専用に見えますけど、
引数[検索条件範囲]と[検索条件]を1つだけ指定することもできます。
その場合はCOUNTIFちゃんと同じ動作です。

引数[検索条件範囲]を複数指定するときは、
それらの高さを揃えることを忘れないで。
揃っていないと、次のように[#VALUE!]エラーになるわ。

セルH3の数式
=COUNTIFS(**A3:A12,F3,B3:B13,G3**)

引数[検索条件範囲]の高さが揃って
いないと[#VALUE!]エラーとなる

COUNTIFS関数に指定する複数の条件は、
AND条件となることも忘れないようにしましょう。
当然ですが、AND条件に合致するものがなければ「0」を返します。

複数の条件のいずれかを満たす場合、つまり
OR条件を指定するには、どうしたらいいんでしょう?

そういうときこそ、足し算が有効よ。
ただ、OR条件を指定するときは、
カウントするセル範囲を同じにしないと結果がおかしくなるから、
対象とするデータと条件の見極めをしっかりね。

説明しよう! セル参照で条件を切り替える

ここで紹介している操作のように、引数[検索条件]でセルを参照することは多い。
数式を修正せずに条件を切り替えられて便利だ。以上(>=)、以下(>=)などの比較
演算子も含めて指定することもできる。ただし、セルに入力する条件は「"」で囲まな
いことを覚えておこう。

セルH3の数式
=COUNTIFS(B3:B12,F3,D3:D12,G3)

セル参照なら条件を切り替えても
数式を修正しなくてよい

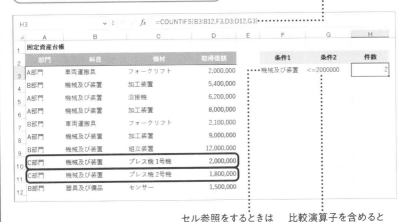

セル参照をするときは
「"」で囲まない

比較演算子を含めると
以上(>=)、以下(<=)
などの条件も指定できる

127

「ワイルドカード」は添えるだけ

キュウさん、いいことを教えてあげる。
IF系の関数に伝わるテクニック「ワイルドカード」が使えると格段に便利よ。
SUMIFちゃんとSUMIFSちゃんも使えると言っていたわ。

「ワイルドカード」とはいったい……？

これ、この前キュウさんが頭を抱えていたリストだけど。
「第一営業部」「第二営業部」「海外営業部」と入力されているわよね？
この3つの営業部をまとめてカウントしたいなら、
私の引数[検索条件]に「*営業部」と指定するだけでいいの。

み、見てたんですかっ！
ん？「*営業部」って……この「*」がワイルドカード？

セルG2の数式　=COUNTIF(**B3:B11**,"*営業部")

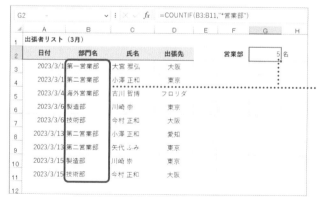

「営業部」で終わる
データをまとめて数
えられる

「*」は「ほにゃらら」
のイメージですね！

「*」は「任意の文字列」を表すワイルドカードなので、この表なら
「第一営業部」「第二営業部」「海外営業部」のすべてをカウントします。
ほかにも「?」で「任意の1文字」を指定できますよ。

■ 条件に使えるワイルドカード

ワイルドカード	意味	使用例	結果の例
*	任意の文字列	"*営業部"	第一営業部、法人営業部など 任意の文字列+「営業部」
?	任意の1文字	"新?"	新宿、新橋、新田など 「新」+任意の1文字

ワイルドカードはとっておきのテクニックだけど、
「>=」や「<=」などの演算子と同じ感覚で、
気軽に使ってくれていいんだからね!

ちなみに、ワイルドカード自体を検索したいときは、
「*」や「?」の前に「~」(チルダ)を入力して、「~*」「~?」のように指定します。
この処理を「エスケープ」といいます。「~」のエスケープは「~~」です。

説明しよう! COUNTIF関数で重複データを見つける

COUNTIF関数を利用して、重複データを見つけるテクニックも知っておこう。引数[検索条件]にするセルの値が、そのセルを含む[範囲]にいくつあるかを数えて「2」以上であれば重複と判断できる。数式をコピーすることを考えて、[範囲]は絶対参照、[検索条件]は相対参照で指定しておくといいだろう。

セルB2の数式 =COUNTIF($A$2:$A$16,A2)

[検索条件]にするセルの値が、
[範囲]にいくつあるかを数える

「2」以上なら重複と
判断できる

Episode 19

SUMとは違うのです。SUMとは！

クレーム対応業務の分析を進めていくキュウは、次なる課題として条件を絞って合計を求めたくなった様子だ。COUNTIFちゃんに出会ったことで、「IF」付きのSUM関数もあるはずと予想するのだが、そこに現れたのは……？

SUMマシーン

分類「A」の対応時間を合計したいんです！
条件付きで数えるCOUNTIFちゃんがいるなら、
条件付きで合計する関数ちゃんもいるはず……
SUMちゃん、どうですかーっ！

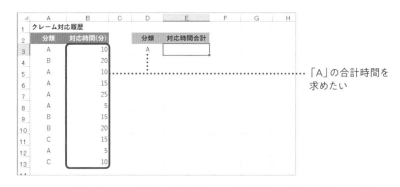

「A」の合計時間を
求めたい

キュウさん、圧がすごいです！ でも、もちろんいますよ。
エクセル関数のアイドルグループで、
センターを期待されるほどの逸材です！

はじめまして、じゃなかった。お久しぶりです！
SUM先輩と同じくアイドル活動をしている、SUMIFです！
条件に一致する数値を合計します。

「私の使い方をマスターしたら世界が変わった!」
なんて言ってもらえることもあります!

SUMIFちゃん
（サム・イフ）

（特技）
条件を満たすデータを合計する。

SUMIFちゃんは、検索するセル範囲と条件を
セットで考えると分かりやすいですよ。
続けて、合計するセル範囲を指定します。

セルE3の数式 =SUMIF(**A3:A13,D3,B3:B13**)

検索するセル範囲　　条件

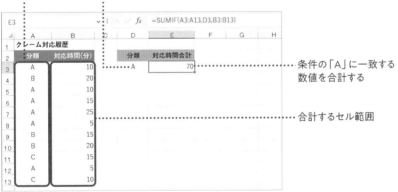

条件の「A」に一致する
数値を合計する

合計するセル範囲

まさにこの集計です!
SUMIFちゃん、ありがとうございます!

お役に立てて何よりですっ！
どうですか？ マスターすれば世界が変わりそうな予感がしませんか？

条件付きの合計がこんなにあっさりできるなんて、
これは世界がひっくり返りますよ！
ちなみに……複数の条件を指定した合計も求められますか？

COUNTIFちゃんと同じ考え方で、
「もしくは」のOR条件は、SUMIFちゃんの足し算で求められます。
「かつ」のAND条件は、SUMIFS関数を使いましょう。

セルH3の数式
=SUMIF(**B3:B12,F3,D3:D12**)+
SUMIF(**B3:B12,G3,D3:D12**)

「車両運搬具」もしくは「器具及び備品」の…
取得価格を求められる

H3			fx	=SUMIF(B3:B12,F3,D3:D12)+SUMIF(B3:B12,G3,D3:D12)			
	A	B	C	D	E	F	G	H

	A	B	C	D		F	G	H
1	固定資産台帳							
2	部門	科目	機材	取得価額		条件1	条件2	取得金額
3	A部門	車両運搬具	フォークリフト	2,000,000		車両運搬具	器具及び備品	5,600,000
4	B部門	機械及び装置	加工装置	5,400,000				
5	A部門	機械及び装置	溶接機	6,200,000				
6	A部門	機械及び装置	加工装置	8,000,000				
7	B部門	車両運搬具	フォークリフト	2,100,000				
8	A部門	機械及び装置	加工装置	9,000,000				
9	B部門	機械及び装置	組立装置	12,000,000				
10	C部門	機械及び装置	プレス機 1号機	2,000,000				
11	C部門	機械及び装置	プレス機 2号機	1,800,000				
12	B部門	器具及び備品	センサー	1,500,000				
13								

COUNTIFちゃんと同じで、
私の返す結果も数値だから
足し算できますっ！

説明しよう！ **SUMIF関数の構文**

サム・イフ
=SUMIF (範囲, 検索条件, 合計範囲)

引数[範囲]から[検索条件]を満たすデータの入力されているセルを検索して、[合計範囲]の値を合計する。[検索条件]を直接指定するときは「"」で囲む。[合計範囲]を省略すると[範囲]が合計の対象となる。

もっとワガママな条件を満たして合計

複数の条件をすべて満たすときの合計は、
SUMIFS関数を使うんですよね? 詳しく教えてもらえますか?

SUMIFSちゃんはツアー中で来られないので、私が代わりに説明しますね。
最初に、合計するセル範囲を指定します。
続けて、条件を判定するセル範囲と条件をセットで指定します。

セルH3の数式
=SUMIFS(**D3:D12,A3:A12,F3,B3:B12,G3**)

「A部門」かつ「機械及び装置」…
の取得価格を求められる

H3			fx	=SUMIFS(D3:D12,A3:A12,F3,B3:B12,G3)			
	A	B	C	D	E	F	G	H

	A	B	C	D		F	G	H
1	固定資産台帳							
2	部門	科目	名称	取得価額		部門	科目	取得価格
3	A部門	車両運搬具	フォークリフト	2,000,000		A部門	機械及び装置	23,200,000
4	B部門	機械及び装置	加工装置	5,400,000				
5	A部門	機械及び装置	溶接機	6,200,000				
6	A部門	機械及び装置	加工装置	8,000,000				
7	B部門	車両運搬具	フォークリフト	2,100,000				
8	A部門	機械及び装置	加工装置	9,000,000				
9	B部門	機械及び装置	組立装置	12,000,000				
10	C部門	機械及び装置	プレス機1号機	2,000,000				
11	C部門	機械及び装置	プレス機2号機	1,800,000				
12	B部門	器具及び備品	センサー	1,500,000				
13								

引数[範囲]と[合計範囲]の高さを揃えておかないと、
[#VALUE!]エラーになります。
条件を1つだけ指定した場合は、SUMIF関数と同じ結果になります。

説明しよう! ## SUMIFS関数の構文

サム・イフ・エス
=SUMIFS (合計対象範囲,条件範囲1,条件1,条件範囲2,条件2,…,条件範囲127,条件127)

1つめの引数[合計対象範囲]に合計する対象のセル範囲を指定する。[条件範囲]
と[条件]のセットで、検索するセル範囲と条件を指定する。複数の条件はAND条
件として見なされる。[条件]を直接指定するときは「"」で囲む。

キュウさん、せっかくだから難しい条件も考えてみましょうか。
『分類が「A」または「C」、かつ対応時間が15分以上』で
対応時間を合計するには、どういう数式になりますか？

「A」または「C」かつ「15分以上」……？
う〜ん、頭がこんがらがります……

『分類が「A」、かつ対応時間が15分以上』、または
『分類が「C」、かつ対応時間が15分以上』と整理できます。
「かつ」のAND条件はSUMIFS関数で、
「または」のOR条件は足し算を使うんですよ。以下の通りです。

E3			fx	=SUMIFS(B3:B13,A3:A13,"A",B3:B13,">=15")+SUMIFS(B3:B13,A3:A13,"C",B3:B13,">=15")				

	A	B	C	D	E	F	G	H
1	クレーム対応履歴							
2	分類	対応時間(分)		条件	対応時間合計			
3	A	10		分類が「A」または「C」、対応時間が15分以上	55			
4	B	20						
5	A	10						
6	A	15						
7	A	25						
8	A	5						
9	B	15						
10	B	20						
11	C	15						
12	A	5						
13	C	10						

セルE3の数式
=SUMIFS(**B3:B13**,A3:A13,"A",B3:B13,">=15")
+SUMIFS(**B3:B13**,A3:A13,"C",B3:B13,">=15")

「A」かつ「>=15」、「C」
かつ「>=15」はSUMIFS
関数の条件として指定し、
「または」は足し算する

やっぱり関数は奥が深い……！
条件付きの合計、今後もたくさんお世話になりそうです！

説明しよう！ ## SUMIFとSUMIFSの混在に注意

SUMIFS関数で1つの条件を指定した場合、結果はSUMIF関数と同じになるが、合計対象とする引数の順番がSUMIF関数と異なることに注意しよう。これらが近くのセルに入力されていたら、数式の確認・修正時に間違えてしまう可能性もある。条件の数にかかわらず、SUMIFS関数だけを使うテクニックも覚えておこう。

シノさんのピンポイント解説！

SUMIFS関数で指定する複数の条件が「AかつB」のAND条件になることを活用してみましょう。SUMIFS関数での集計結果をクロス表にまとめて、見やすくすることもできます。

SUMIFS関数の結果をクロス表にまとめる

表の上端と左端に見出しのあるクロス表では、「上の見出し」かつ「左の見出し」を満たす値を交差したセルに表示します。見出しの文字列をSUMIFS関数の引数［条件］として指定すると、集計結果をクロス表にまとめられます。

> **セルG3の数式**
> =SUMIFS($D$3:$D$12,$A$3:$A$12,$F3,$B$3:$B$12,G$2)

	A	B	C	D	E	F	G	H	I
1	固定資産台帳								
2	部門	科目	名称	取得価額			車両運搬具	機械及び装置	器具及び備品
3	A部門	車両運搬具	フォークリフト	2,000,000		A部門	2,000,000	23,200,000	0
4	B部門	機械及び装置	加工装置	5,400,000		B部門	2,100,000	17,400,000	1,500,000
5	A部門	機械及び装置	溶接機	6,200,000		C部門	0	3,800,000	0
6	A部門	機械及び装置	加工装置	8,000,000					
7	B部門	車両運搬具	フォークリフト	2,100,000					
8	A部門	機械及び装置	加工装置	9,000,000					
9	B部門	機械及び装置	組立装置	12,000,000					
10	C部門	機械及び装置	プレス機1号機	2,000,000					
11	C部門	機械及び装置	プレス機2号機	1,800,000					
12	B部門	器具及び備品	センサー	1,500,000					

G3 … =SUMIFS($D$3:$D$12,$A$3:$A$12,$F3,$B$3:$B$12,G$2)

部門と科目で取得価格をクロス集計できる

［合計対象範囲］［条件範囲］は絶対参照に、
右方向へコピーする［条件1］（部門）は列を固定、
下方向へコピーする［条件2］（科目）は行を固定する複合参照で
数式の入力の手間を省きましょう。

こういう表を作るのは大変だと思っていました。
今なら関数ちゃんの力を借りて作れるかも！

Episode

20

まるでIFの バーゲンセールだな

条件を絞ってクレーム処理件数を数え、さらに合計を計算したところで、次は平均に取りかかる。分析業務のゴールは目前だ。ここまで「IF」付きの関数ちゃんに散々助けてもらったため、味を占めてしまったキュウは……

「IF」付きのAVERAGEも当然あるよね?

SUMIF / SUMIFS、COUNTIF / COUNTIFSときたので、
平均の「IF」付き関数もある流れですね、これは。

もちろんありますとも～。
AVERAGEIF関数とAVERAGEIFS関数です。

AVERAGEちゃん、またよろしくね。
もう流れが読めてきちゃいましたかね。
AVERAGEIFS関数は条件が1つでも計算可能で、
その場合はAVERAGEIF関数と同じ処理になります。

説明しよう! **AVERAGEIF関数の構文**

アベレージ・イフ
=AVERAGEIF (範囲, 検索条件, 平均対象範囲)

引数 [範囲] から [検索条件] を満たすセルを検索して、[平均対象範囲] の数値の平均値を求める。空白のセルや文字列は無視する。[検索条件] を直接指定するときは「"」で囲む。[平均対象範囲] を省略すると [範囲] が平均の対象となる。

セルE3の数式 =AVERAGEIF(A3:A13,D3,B3:B13)

分類が「A」の対応時間の
平均を求められる

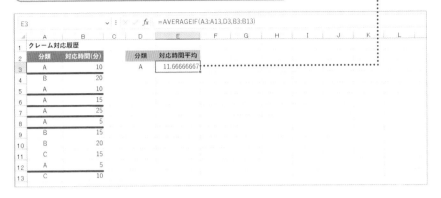

 AVERAGEIFS関数は、最初に平均するセル範囲、
続けて、条件を判定するセル範囲と条件をセットで指定します。

セルE3の数式 =AVERAGEIFS(B3:B13,A3:A13,"A",B3:B13,">=15")

分類が「A」かつ対応時間が15分以上の
対応時間の平均を求められる

 SUMIF関数とSUMIFS関数と同様に、
AVERAGEIF関数とAVERAGEIFS関数で
引数の順番が違うことに注意してください。

AVERAGEIFS関数の構文

アベレージ・イフ・エス
=AVERAGEIFS （平均対象範囲, 条件範囲1, 条件1, 条件範囲2, 条件2, …, 条件範囲127, 条件127）

複数の条件を指定して数値の平均を求める。引数［平均対象範囲］に平均する対象のセル範囲を指定する。［条件範囲］と［条件］のセットで検索するセル範囲と条件を指定する。空白のセルや文字列は無視する。複数の条件はAND条件として見なされる。［条件］を直接指定するときは「"」で囲む。

AVERAGEIFS関数には、もう1つ注意点があって、
SUMIFS関数と同じように、
引数［平均対象範囲］と［条件範囲］の高さは……

揃えましょう。ですね！

正解です！ちなみに、AVERAGEIF関数の結果は、
SUMIF関数の結果をCOUNTIF関数の結果で割った値と一致します。
SUMIFとCOUNTIF関数の結果をそれぞれセルに表示して、
割り算すると計算の過程を確認できます。

セルE2の数式
=AVERAGEIF(A3:A13,"A",B3:B13)

AVERAGEIF関数の結果は、SUMIF関数の結果をCOUNTIF関数の結果で割った値と一致する

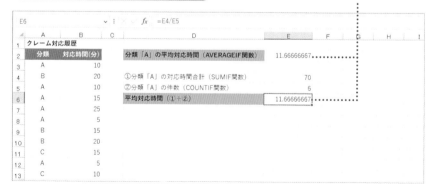

セルE4の数式　　=SUMIF(A3:A13,"A",B3:B13)
セルE5の数式　　=COUNTIF(A3:A13,"A",B3:B13)
セルE6の数式　　=E4/E5

いちばん大きい値を頼む

以前に、MAX／MIN関数を解説しましたよね？（P.66参照）
条件を指定して、最大値と最小値を求められる
MAXIFS関数とMINIFS関数もあります。

セルH3の数式 =MAXIFS(D3:D12,A3:A12,F3,B3:B12,G3)

H3		✓ : × ✓ fx	=MAXIFS(D3:D12,A3:A12,F3,B3:B12,G3)					
◢	A	B	C	D	E	F	G	H	I
1	固定資産台帳							
2	部門	科目	名称	取得価額		部門	科目	最大取得価額
3	A部門	車両運搬具	フォークリフト	2,000,000		A部門	機械及び装置	9,000,000
4	B部門	機械及び装置	加工装置	5,400,000				
5	A部門	機械及び装置	溶接機	6,200,000				
6	A部門	機械及び装置	加工装置	8,000,000				
7	B部門	車両運搬具	フォークリフト	2,100,000				
8	A部門	機械及び装置	加工装置	9,000,000				
9	B部門	機械及び装置	組立装置	12,000,000				
10	C部門	機械及び装置	プレス機1号機	2,000,000				
11	C部門	機械及び装置	プレス機2号機	1,800,000				
12	B部門	器具及び備品	センサー	1,500,000				

「A部門」かつ「機械及び装置」の
最大取得価格を求められる

引数［最大範囲］と［条件範囲］の高さは
一致させましょう。不一致の場合は
［#VALUE!］エラーになります。

説明しよう！ **MAXIFS ／ MINIFS関数の構文**

マックス・イフ・エス
=MAXIFS （最大範囲, 条件範囲1, 条件1, 条件範囲2, 条件2, … , 条件範囲126, 条件126）
ミニマム・イフ・エス
=MINIFS （最小範囲, 条件範囲1, 条件1, 条件範囲2, 条件2, … , 条件範囲126, 条件126）

MAXIFS関数は引数［最大範囲］から最大値、MINIFS関数は引数［最小範囲］から
最小値を求める。［条件範囲］と［条件］のセットで検索するセル範囲と条件を指定
する。空白のセルや文字列は無視する。複数の条件はAND条件として見なされる。
［条件］を直接指定するときは「"」で囲む。Excel 2021 ／ 2019、Microsoft 365の
Excelで利用可能。

MINIFS関数の使い方は、MAXIFS関数と同じです。
指定する条件は1つでも構いません。

セルH3の数式　=MINIFS(D3:D12,A3:A12,F3)

H3			✓	⋮ × ✓	fx	=MINIFS(D3:D12,A3:A12,F3)			
⊿	A	B	C	D	E	F	G	H	I
1	固定資産台帳								
2	部門	科目	名称	取得価額		部門	科目	最小取得価額	
3	A部門	車両運搬具	フォークリフト	2,000,000		A部門		2,000,000	
4	B部門	機械及び装置	加工装置	5,400,000					
5	A部門	機械及び装置	溶接機	6,200,000					
6	A部門	機械及び装置	加工装置	8,000,000					
7	B部門	車両運搬具	フォークリフト	2,100,000					
8	A部門	機械及び装置	加工装置	9,000,000					
9	B部門	機械及び装置	組立装置	12,000,000					
10	C部門	機械及び装置	プレス機 1号機	2,000,000					
11	C部門	機械及び装置	プレス機 2号機	1,800,000					
12	B部門	器具及び備品	センサー	1,500,000					
13									

「A部門」の最小取得価格を
求められる

シノさん……MAXIFとMINIFはどこ行った?

君のような勘のいい子は……いやいや、はじめからないんですってば。
MAXIFS / MINIFS関数は1つの条件でも処理できます。
MAXIF / MINIF関数がないのは、このためかもしれませんね。

IFちゃんに出会ってから、
怒涛の「IF」ラッシュでしたね～。
条件分岐は、それだけ重宝
されているんですね。

5

コピペは
いらない。
私が整えるから

やっと私たちの出番なの！？
待ちくたびれたわよ。
数値の処理が大事なのは分かるけど、
文字列の処理も覚えたら便利だから
絶対にマスターしていってよね！

Episode 21 キレッキレ！関数ちゃん

商品のコードや型番は何らかのルールに従って決められていることが多く、例えば「先頭3文字」「末尾2文字」などで抽出して集計に利用することがある。どうやらキュウにも、その手の依頼が舞い込んできたようだが……

文字・即・斬

商品コードをコピーして、先頭3文字以外を削除する……
これだから文字列を扱うのは気分が乗らないんだよなぁ。

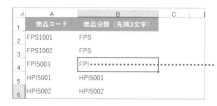

	A	B	C
1	商品コード	商品分類（先頭3文字）	
2	FPS1001	FPS	
3	FPS1002	FPS	
4	FPI5003	FPI	
5	HPI5001	HPI5001	
6	HPI5002	HPI5002	

商品コードをコピーして、先頭3文字を
残して以降を手動で削除している

文字列を扱うのは気が乗らないですって！？
非効率な作業のニオイがすると思って来てみれば……

な、何か間違っていましたか！？

セルを1つ1つ編集してるなんて、ミスの温床だわ。
あなた、エクセルのことが分かってないようね？
RIGHTちゃんもそう思うわよね！？

LEFTちゃん……それ以上いけない。

 ふたりとも待ってください！
……キュウさん、驚かせてしまいましたね。
文字列の処理で困っている今のキュウさんを救ってくれる、
LEFTちゃんとRIGHTちゃんを紹介します！

文字列の左から文字を斬ってとる！
文字数指定がなくても斬る！
あなたを助けに来たわ、私はLEFTよ。

LEFTちゃん

特技

文字列の左側から指定した文字数分を取り出す。
文字数を省略すると、左から1文字を取り出す。

説明しよう！　LEFT／RIGHT関数の構文

=LEFT（文字列, 文字数）
=RIGHT（文字列, 文字数）

LEFT関数は引数［文字列］の左側から、RIGHT関数は右側から［文字数］分の文字列を取り出す。全角文字も半角文字も1文字として数える。［文字数］を省略した場合は「1」とみなされる。

セルに入力されている文字列の左から、指定した文字数分を取り出すわ!
さっきの作業なんて瞬殺よ。

商品コードの先頭から3文字分を
取り出せる

セルB2の数式　=LEFT(A2,3)

LEFTちゃん、ありがとう!
連打しすぎて F2 キーと Back space キーが壊れるところでしたよ……

私とは反対に右から何文字分かほしいなら、
RIGHTちゃんに頼むといいわよ。

わたしはRIGHTです。
あんまり便利じゃないかもしれないですけど、
文字列の右から指定された文字数を
持ってきます……

RIGHTちゃん
ラ　イ　ト

（ 特　技 ）

文字列の右側から指定した文字数分を取り出す。
文字数を省略すると、右から1文字を取り出す。

LEFTちゃんは左から、
わたしは右から文字列を取り出します。
名前通りの動きなので、すぐに覚えてもらえるんです……

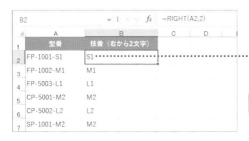

型番の末尾から2文字分を
取り出せる

セルB2の数式　=RIGHT(A2,2)

ちょうど型番の右から枝番を取り出す作業もあったんですよ。
RIGHTちゃん、助かりました〜。
ところで、文字列の真ん中あたりを切り取ることはできますか?

あっ、そういうのができるMID関数がいます。
何文字目から何文字欲しい、というふうに伝えてください……

型番の4文字目から
4文字分を取り出せる

セルB2の数式　=MID(A2,4,4)

説明しよう！ **MID関数の構文**

ミッド
=MID(文字列, 開始位置, 文字数)

引数[文字列]の先頭を「1」として、[開始位置]から[文字数]分の文字列を取り出す。全角文字も半角文字も1文字として数える。末尾を超える[文字数]を指定すると[開始位置]から末尾までを取り出す。[開始位置]に[文字列]の長さを超える値を指定すると、空の文字列が返される。

見えるよ! 私には検索値が見える!

シノさん、問題発生です!
型番に含まれる「-」より前の文字列を取り出したいのですが、
「-」の位置がバラバラでLEFTちゃんやRIGHTちゃんでは無理そうです!

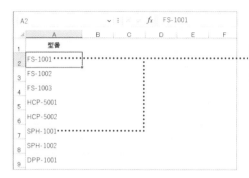

型番の「-」より前の文字列を
取り出したいが、「-」の位置
が不規則になっている

あ〜、なるほど。
たしかに「先頭3文字」「末尾2文字」といった方法では、
狙った文字列を取り出せないケースはよくあります。
でも、今回は「-」という目印がありますね。

せっかく便利な関数ちゃんに出会えたと思ったのに。
LEFTちゃんに「-」の位置を教えてあげられたら……

いいアイデアですね!
FINDちゃん、彼女ならそれができます!

説明しよう! FIND関数の構文

ファインド
=FIND (検索文字列, 対象, 開始位置)

引数 [検索文字列] が [対象] の何文字目にあるかを調べる。[開始位置] を省略すると「1」とみなされ、先頭から検索する。[検索文字列] を直接指定するときは「"」で囲む。

私のことを呼びましたか?
そのセルにある「-」は、左から3文字目や。

お初にお目にかかります。FINDです。
かるた取りのように目的の文字を探して、
何文字目なのかをこっそり教えますわ。

ファインド
FINDちゃん

特技
指定した文字が対象の文字列の何文字目にあるかを
調べる。

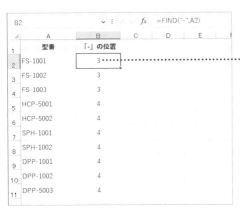

	A	B
1	型番	「-」の位置
2	FS-1001	3
3	FS-1002	3
4	FS-1003	3
5	HCP-5001	4
6	HCP-5002	4
7	SPH-1001	4
8	SPH-1002	4
9	DPP-1001	4
10	DPP-1002	4
11	DPP-5003	4

B2 の数式バー: =FIND("-",A2)

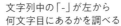

文字列中の「-」が左から
何文字目にあるかを調べる

セルB2の数式　=FIND("-",A2)

わぁ!和服だなんて素敵ですね。はじめまして!
「検索文字列が対象文字列の何文字目にあるか」を探して
数値で教えてくれるんですね。

上の例では引数[開始位置]を省略しているので、
文字列の先頭、つまり左から「-」を探しています。
LEFTちゃんに教えたいのは「左から何文字を取り出すか」でしたよね?

そうです……あっ、そっか！
FINDちゃんが教えてくれる「-」の位置を手がかりにして、
LEFTちゃんに文字数を教えてあげればいいわけですね！

ほんまに世話が焼けますなぁ。
微力ながら、お手伝いさせてもらいます。

LEFTちゃんには左から取り出す文字数が引数として必要ですが、
今回の例では、それは「-」より前の文字数と一致します。
そして「-」より前の文字数は、FINDちゃんが教えてくれた数値を
「-1」した数値と一致しますから、それをLEFTちゃんに渡しましょう。

「-」の位置より左側の
文字列を取り出せる

LEFTちゃんが知りたいのは
「-」より前の文字数ですわ。

セルC2の数式 `=LEFT(A2,FIND("-",A2)-1)`

見事なコンビネーションです！
じゃあ、「-」より後ろを取り出したいときは
RIGHTちゃんにも同じように渡せば解決しますよね？

説明しよう！ **置換機能&ワイルドカードでも対応可能**

エクセルの置換機能を使って、目的の文字列を取り出す方法もある。例えば、ワイルドカードの「*」を使って検索文字に「-*」と指定すると、「-」の位置がバラバラであっても、「-」以降の文字列がすべて該当する。これをまとめて空白に置換すれば、結果的に「-」より前の文字列を取り出すことが可能だ。

そんなふうに考えていた時期が私にもありました……
でも、それでは上手くいきません。
「-」の後ろの文字列を取り出すと仮定して、例を見てみましょうか。

セルB2の数式 **=RIGHT(A2,FIND("-",A2))**

RIGHT関数にFIND関数を
ネストした

 セルA2の値は「1001-SP1」

=RIGHT(A2,FIND("-",A2))

⬇

=RIGHT("1001-SP1",FIND("-","1001-SP1"))

 「-」は左から5文字目

⬇

=RIGHT("1001-SP1",5)…… 『「1001-SP1」の右から5文字を取り出す』という
意味になる

⬇

1-SP1

このようになり、「-」の後ろの文字列は取り出せません。
FINDちゃんが教えてくれるのは、左から数えた「-」の位置なので、
RIGHTちゃんにそのまま渡しても見当違いになってしまいます。

私は教えてもらった文字数分を右から取り出すだけだから……

よく分かりました……
LEFTちゃんとFINDちゃんは、ふたりとも文字列を左から見るから
いいコンビだったんですね。

そんなに落ち込まなくても大丈夫。ほかにも方法はあります。
RIGHTちゃんに取り出してほしい文字数を特定するには、
文字列の長さを求めるLEN関数を組み合わせましょう。

Sheet5 コピペはいらない。私が整えるから

説明しよう！ LEN関数の構文

=LEN (文字列)
レングス

引数［文字列］の文字数を求める。［文字列］に含まれるスペース、句読点、数字なども文字として数える。［文字列］を直接指定する場合は「"」で囲む。

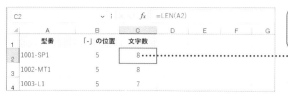

セルC2の数式
=LEN(A2)

文字列の文字数を調べる

LEN関数が返す文字数からFINDちゃんが調べた「-」の位置を引き算すると、「-」より後ろが何文字なのかが判明します。それを私の引数［文字数］に指定してくれれば解決です。文字列には入念な下調べをして近づかないといけないんですっ！

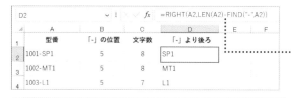

文字列の長さから「-」の位置を引き算すれば、文字列の末尾からの文字数を求められる

セルD2の数式　=RIGHT(A2,LEN(A2)-FIND("-",A2))

説明しよう！ MID関数を使う方法もある

MID関数を使って「-」の後ろの文字列を取り出すことも可能だ。「-」の位置をFIND関数で調べて、引数［文字数］に想定される文字数以上を指定すればよい。

想定する文字数以上の数値を指定すれば、MID関数でも「-」以降を取り出せる

セルB2の数式　=MID(A2,FIND("-",A2)+1,99)

いつからハイフンは1つと錯覚していた?

もっと意地悪なケースにも対応できますか?
この表の型番には「-」が2つありますが、
その2つめの「-」より後ろの文字列を取り出したいのですが……

なんぎやなぁ〜。
せやけど、簡単なことや。私に二度頼ったらええんよ。
なんべんでもお付き合いさせてもらいます。

| B2 | | fx | =FIND("-",A2,FIND("-",A2)+1) |

	A	B	C	D	E	F
1	型番	2つめの「-」の位置				
2	FS-1001-SP1	8				
3	FS-1002-MT1	8				
4	FS-1003-L1	8				

FIND関数の引数[開始位置]に
FIND関数をネストして、2つめの
「-」の位置を求める

セルB2の数式　=FIND("-",A2,FIND("-",A2)+1)

この例では、内側のFINDちゃんが1つめの「-」の位置を探して、
それに「+1」した数値を外側のFINDちゃんに渡してあげることで、
1つめの「-」以降、つまり2つめの「-」を探しています。

……… セルA2の値は「FS-1001-SP1」

=FIND("-",**A2**,FIND("-",**A2**)+1)

⬇

=FIND("-",**"FS-1001-SP1"**,<u>FIND("-","FS-1001-SP1")+1</u>)

　　　　　　　　………………1つめの「-」は左から3文字目、
　　　　　　　　「+1」した結果は「4」となる

⬇

=FIND("-",**"FS-1001-SP1"**,4)……『左から4文字目以降で「-」を探す』
という意味になる

⬇

8

2つめの「-」の位置が分かれば、
LEN関数との組み合わせで右からの文字数を計算できます。
それを私の引数に指定してくれれば……

Sheet5

コピペはいらない。私が整えるから

2つめの「-」以降の文字列を取り出せるというわけですね。
見事なコンビネーションです！

セルD2の数式　=RIGHT(A2,LEN(A2)-FIND("-",A2,FIND("-",A2)+1))

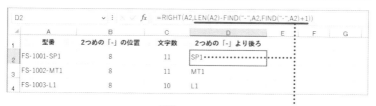

LEN関数で調べた文字数から、2つめの「-」の位置を
引いて、RIGHT関数の引数[文字数]に指定する

 同じようにして、2つめの「-」より前を取り出すこともできるわよ！
「より前」だから、外側のFINDちゃんの結果から「-1」しておいてよね。

セルC2の数式　=LEFT(A2,FIND("-",A2,FIND("-",A2)+1)-1)

2つめの「-」の位置から「-1」して、
LEFT関数の引数[文字数]に指定する

説明しよう！　**「B」付き関数の意味**

LEFT / RIGHT / FIND / LEN関数の入力中に「B」付きの
関数に気付いた人もいるだろう。「バイト」の「B」だ。パ
ソコンでは、全角文字は2バイト、半角文字は1バイトとし
て扱う。日本語と英語が混ざった文字列に対して「半角で
○文字」と指定するときは、「B」付きの関数を利用する。

152

ここから、ここまで、取り出せる？

FINDちゃん、もうひとつ質問です！！
2つの「-」の間にある文字列も取り出せたりしますか？
（さすがに意地悪すぎたかな？）

そんなもん朝飯前や。
まず、1つめと2つめの「-」の位置から、文字数を割り出すんよ。
私を組み合わせて引き算するときは気いつけや〜。

セルD2の数式 =FIND("-",A2,FIND("-",A2)+1)-FIND("-",A2)-1

D2				fx =FIND("-",A2,FIND("-",A2)+1)-FIND("-",A2)-1		
	A	B	C	D	E F	G
1	型番	1つめの「-」の位置	2つめの「-」の位置	「-」の間の文字数		
2	FS-1001-SP1	3	8	4		
3	FS-10021-MT2	3	9	5		
4	FS-103-L001	3	7	3		

2つめの「-」の位置から1つめの「-」の位置を引いて
「-1」すると、2つの「-」の間の文字数を求められる

・・・・・・ セルA2の値は「FS-1001-SP1」

=FIND("-",**A2**,FIND("-",**A2**)+1)-FIND("-",**A2**)-1

=FIND("-",**"FS-1001-SP1"**,FIND("-",**"FS-1001-SP1"**)+1)
　　　　　　　　　　　　　　　　　　　　　　-FIND("-",**"FS-1001-SP1"**)-1

2つめの「-」は
左から8文字目

1つめの「-」は
左から3文字目

2つめの「-」を除外
するため「-1」する

=8-3-1

4

この例では、2つめの「-」は「8」文字目、1つめは「3」文字目。
「8-3」をすると「5」だけど、それには2つめの「-」が含まれるから、
さらに「-1」すれば、間の文字数は「4」だと分かりますね。

Sheet5

コピペはいらない。私が整えるから

そこまで分かったら、MID関数を使って
引数［文字数］にさっきの数式を指定すればイチコロや。
引数［開始位置］は「-」より後ろやから、「+1」を忘れたらはあきまへん。

セルE2の数式
=MID(A2,FIND("-",A2)+1,FIND("-",A2,FIND("-",A2)+1)-FIND("-",A2)-1)

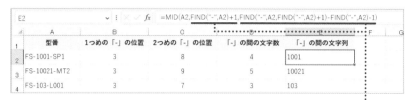

	A	B	C	D	E	F	G
1	型番	1つめの「-」の位置	2つめの「-」の位置	「-」の間の文字数	「-」の間の文字列		
2	FS-1001-SP1	3	8	4	1001		
3	FS-10021-MT2	3	9	5	10021		
4	FS-103-L001	3	7	3	103		

1つめの「-」の後ろから、2つの
「-」の間の文字数分取り出す

 できました！
……けど、だいぶ長い数式になっちゃいましたね。

 MID関数にネストしているFINDちゃんの数式は、
1つめの「-」の開始位置と、2つめの「-」までの文字数です。
落ち着いて1つ1つ読み解きましょう。
区切り文字が「-」以外でも応用して同じ処理ができますよ。

説明しよう！ # LEFT ／ RIGHT関数の組み合わせも便利

長さは一定ではないが、一部に規則性があるような文字列では、LEFT関数と
RIGHT関数の組み合わせで簡単に処理できることもある。以下は、アルファベット
部分は不規則、数字の部分は5桁に固定されている文字列から、数字の先頭2文
字を取り出す例だ。数字の桁数は固定なので、RIGHT関数で右から5文字、その先
頭2文字をLEFT関数で取り出せば解決だ。

セルB2の数式
=LEFT(RIGHT(A2,5),2)

シノさんのピンポイント解説！

文字列の分割や結合に使える、とっておきの機能を紹介しますね！関数を入力しない手軽なテクニックです。日付を分割したいときは、LEFT関数などではなくYEAR / MONTH / DAY関数を使いましょう。

関数を入力しなくてもいい？

「フラッシュフィル」は入力済みのデータから法則を見つけて文字列を処理するエクセルの機能です。基準となるデータを入力して Ctrl + E キーを押すと……。万能ではありませんが、文字列を処理する機能のひとつとして覚えておきましょう。

法則を判断できるように、1、2個の
データを入力しておく

残りのデータをまとめて
処理できた

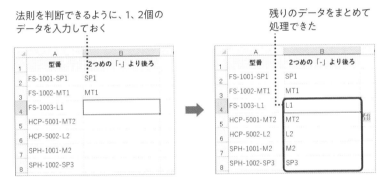

❶ Ctrl + E キーを押す

間違った法則で処理されたときは、Ctrl + Z キーで元に戻せるわ。
でも、文字列を確実に処理したいときは関数を使ってよね！
確かな仕事を、約束するわ。

「年」「月」「日」の処理はYMD三人娘に任せる

例えば、日付の「2023/4/1」から「2023」を取り出したいとき、LEFT関数で4文字分とするのは間違いです。「2023/4/1」はシリアル値(P.74参照)で「45017」なので、結果は「4501」となります。「年」「月」「日」の処理はYEAR / MONTH /DAY関数を使いましょう。

Episode 22 文字列を、一部書き換えて

システムの設計上の理由か入力ミスなのか、キュウが受け取るデータは区切り文字に不具合があるようだ。そのため、集計処理は区切り文字を揃える作業を終えてからのスタートになってしまい、とうとうシノに弱音を吐いてしまった。

[検索と置換]ではいけないんですか？

もう……うちの会社のシステムは何なんですか！
型番の区切り文字は正しくは「-」なのに「_」になっていることがあって、
これを毎回修正するのが面倒で面倒で……

型番に含まれる「_」を「-」に書き換えたい

エクセルの置換機能で処理するにも、
万が一のために、元の表を残しておきたいじゃないですか。
コピペしてから作業するのも手間ですし……何とかなりませんか？

キュウさん、素数でも数えて落ち着いて！
でも、SUBSTITUTEちゃんに頼めば、
元の文字列を残したまま、文字列の一部を書き換えられますよ！

はじめまして。SUBSTITUTEだよ。
そういう処理なら、わたしに任せてほしいな！

得意分野は文字列の検索・置換。
ほかの関数ちゃんとも仲良しなんだ。

SUBSTITUTEちゃん
サブスティチュート

特技
文字列に含まれる任意の文字を探して、指定した文字に置換する。

「_」を「-」に書き換えられる

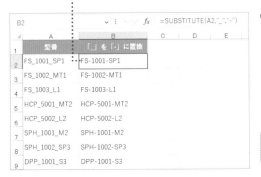

B2				f_x	=SUBSTITUTE(A2,"_","-")	
	A	B	C	D	E	
1	型番	「_」を「-」に置換				
2	FS_1001_SP1	FS-1001-SP1				
3	FS_1002_MT1	FS-1002-MT1				
4	FS_1003_L1	FS-1003-L1				
5	HCP_5001_MT2	HCP-5001-MT2				
6	HCP_5002_L2	HCP-5002-L2				
7	SPH_1001_M2	SPH-1001-M2				
8	SPH_1002_SP3	SPH-1002-SP3				
9	DPP_1001_S3	DPP-1001-S3				

セルB2の数式
=SUBSTITUTE(A2,"_","-")

はい、できた。元の表を残して「_」を「-」に置換したよ。
今回は最後の引数[置換対象]を省略したから、
文字列中の[検索文字列]を全部[置換文字列]に書き換えといたよ。

説明しよう！ **SUBSTITUTE関数の構文**

=SUBSTITUTE (文字列, 検索文字列, 置換文字列, 置換対象)
サブスティチュート

引数[文字列]に含まれる[検索文字列]を[置換文字列]に置換して、結果の文字列を表示する。同じ文字列が複数含まれる場合は、何番目の文字列を置換するかを[置換対象]に指定可能。

Sheet5

コ ピ ペ は い ら な い 。 私 が 整 え る か ら

SUBSTITUTEちゃん、ありがとう。一気に解決しました！
ところで、なぜ白衣を着ているの？

いつも理科室で置換の実験をしているからだよ！
汚れた制服も体操服にお着替え？ 置き換え？ しちゃったんだ！

じゃあ、博士に質問！
たまに「_」のほかに「/」まで混ざっていることがあるんだけど、
それも全部「-」に置き換えできる？

そんなの簡単だよ。わたしを2回登場させればいい！
さっそく実験開始〜！

セルB2の数式 =SUBSTITUTE(**SUBSTITUTE(A2,"_","-")**,"/","-")

内側のSUBSTITUTE関数で「_」を「-」に置換して、
外側のSUBSTITUTE関数で「/」を「-」に置換する

この例では内側のSUBSTITUTEちゃんで「_」を「-」に置換して、
その結果を外側のSUBSTITUTEちゃんで「/」を「-」に置換しています。
以下のように分解して考えると分かりやすいですよ。

セルB2の数式 ※「_」を「-」に置換 =SUBSTITUTE(A2,"_","-")
セルC2の数式 ※「/」を「-」に置換 =SUBSTITUTE(B2,"/","-")

シノさんのピンポイント解説！

SUBSTITUTE関数で処理した結果を、値として保存しておく方法を覚えておきましょう。うっかり参照先のセルを削除しても問題ありません。また、特定の文字を削除するテクニックもよく使います。

変換後の文字列を［値］として保存する

SUBSTITUTE関数に限らず、関数の結果は参照するセルの内容によって変化します。処理後の内容を固定したいときは、［値］として保存しておきましょう。

数式の結果が表示された
セル範囲をコピーしておく

❶ 貼り付けたい
セルを右クリック

❷ ［値］をクリック

数式バーを確認すると、数式の
結果が値として貼り付けられて
いることが分かる

特定の文字を削除する

SUBSTITUTE関数は、特定の文字を削除することも可能です。置換後の文字として引数［置換文字列］に「""」(空白の文字列)を指定します。「""」は何もないことを表し、置換の結果、特定の文字が削除されます。

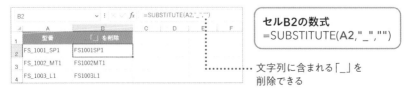

セルB2の数式
=SUBSTITUTE(**A2**,"_","")

文字列に含まれる「_」を
削除できる

Episode

23

ただ、文字列を
つなげたいだけなの

キャンペーン応募者リストの住所を整えるため、絶賛コピペ中のキュウ。「都道府県」や「市区町村」ごとに分かれた文字列を手動で連結しているようだが、もちろんそんな作業は必要ない。CONCATちゃんに任せよう。

I have a 文字列1、I have a 文字列2……

文字列を選択してコピペ、
文字列を選択してコピペ、
文字列を選択してコピペ……

	A	B	C	D	E	F	G	H
1	キャンペーン応募者リスト							
2	氏名	氏名（ひらがな）	郵便番号	都道府県	市区町村	町丁目	番地	住所（結合後）
3	佐藤 貴之	さとう たかゆき	250-1809	神奈川県	座間市	相武台	X-X-X	神奈川県座間市相武台X-X-X
4	関根 望	せきね のぞみ	145-8360	東京都	品川区	東品川	X-X-X	東京都品川区東品川X-X-X
5	佐藤 美里	さとう みさ	168-6324	東京都	港区	赤坂	X-X-X	
6	安田 主税	やすだ ちから	582-1868	大阪府	東大阪市	全岡	X-X-X	

············D~G列の文字列を連結したい

キュウさん！目がうつろだよ！

上からの指示には黙って従うのが、私の処世術なんです。
コピペが100件あっても大丈夫……
じゃないですよ！シノさん何とかなりませんか？

最初にちょっとだけ挨拶しにきてくれた、
あの子がいるじゃないですか！
CONCATちゃんを呼びましょう！

文字列をつなげるならワタシの出番にゃ!!
キュウさん、もうコピペはしなくていいにゃ。

くっつけたい文字列のセル範囲はどこですか～?
「&」やCONCATENATE関数とは
ちょっと違うんだにゃ!

CONCAT ちゃん
コ　ン　カ　ッ　ト

（特技）
指定した文字列、セル範囲を連結する。

ワタシはセル範囲を指定して、
まとめて連結できるのがスゴイにゃ!
だから数式もシンプルにゃ!

セルH3の数式　=CONCAT(D3:G3)

セル範囲を指定して、
文字列を連結できる

H3			f_x	=CONCAT(D3:G3)			
	A	B	C	D	E	F	G	H
1	キャンペーン応募者リスト						
	氏名	氏名（ひらがな）	郵便番号	都道府県	市区町村	町丁目	番地	住所（結合後）
3	佐藤 貴之	さとう たかゆき	250-1809	神奈川県	座間市	相武台	X-X-X	神奈川県座間市相武台X-X-X
4	関根 望	せきね のぞみ	145-8360	東京都	品川区	東品川	X-X-X	東京都品川区東品川X-X-X
5	佐藤 美里	さとう みさ	168-6324	東京都	港区	赤坂	X-X-X	東京都港区赤坂X-X-X

（説明しよう!）　## CONCAT関数

コ　ン　カ　ッ　ト
=CONCAT （文字列1, 文字列2, … , 文字列253）

指定した文字列を連結する。セル範囲を指定してもよい。数値や数式の指定も可
能。Excel 2021 / 2019、Microsoft 365のExcelで利用可能。

161

たったこれだけで住所の連結が完了ですかー！？
今までの作業は何だったのか……

CONCATちゃんは『「&」とはちょっと違う』と言っていましたが、
「&」演算子を使って文字列を連結する方法もあります。
セル範囲は指定できないので、以下のように1つずつ連結します。

| セルH3の数式 | =D3&E3&F3&G3 |

「&」演算子でも連結できる

H3				fx	=D3&E3&F3&G3			
⊿	A	B	C	D	E	F	G	H
1	キャンペーン応募者リスト							
2	氏名	氏名（ひらがな）	郵便番号	都道府県	市区町村	町丁目	番地	住所（結合後）
3	佐藤 貴之	さとう たかゆき	250-1809	神奈川県	座間市	相武台	X-X-X	神奈川県座間市相武台X-X-X
4	関根 望	せきね のぞみ	145-8360	東京都	品川区	東品川	X-X-X	東京都品川区東品川X-X-X
5	佐藤 美里	さとう みさ	168-6324	東京都	港区	赤坂	X-X-X	東京都港区赤坂X-X-X
6	安田 主税	やすだ ちから	582-1868	大阪府	東大阪市	金岡	X-X-X	大阪府東大阪市金岡X-X-X
7	森本 和幸	もりもと かずゆき	192-8056	東京都	渋谷区	代々木	X-X-X	東京都渋谷区代々木X-X-X
8	片山 幸	かたやま つかさ	733-1166	広島県	広島市	南区大州	X-X-X	広島県広島市南区大州X-X-X

CONCATENATE関数も
セル範囲は指定できないから
「=CONCATENATE(D3,E3,F3,G3)」
のように指定してにゃ。

CONCATちゃんも有能だけど、
数個の連結なら「&」も便利ですね！

説明しよう！ **CONCATENATE関数と「&」演算子の使い分け**

=CONCATENATE （文字列1, 文字列2, …, 文字列255）
コンカティネート

Excel 2016以前のバージョンでは、CONCAT関数を利用できない。旧バージョンに
あたるCONCATENATE関数か「&」演算子を使おう。CONCATENATE関数の引数
［文字列］にセル範囲を指定することはできないが、Ctrl キーを押しながらセルを
クリックして「,」（カンマ）を自動挿入するテクニックが使える。3つ、4つと複数のセル
を連結するときは「&」演算子より使い勝手がいいだろう。

文字列を連結する関数には、TEXTJOIN関数もあります。
「-」などの区切り文字を挿入しながら連結できるのが特徴で、
別々のセルの値を目的のデータに整形するといった使い方ができます。
CONCATちゃんと同様に、セル範囲での指定も可能です。

············ 別々のセルに入力された値を
「-」を挟んで連結できる

セルD2の数式 =TEXTJOIN("-",TRUE,A2:C2)

説明しよう！ **TEXTJOIN関数の構文**

テキストジョイン
=TEXTJOIN (区切り記号, 空の文字列を無視, 文字列1, 文字列2, …, 文字列252)
引数[文字列]の間に[区切り記号]を挿入しながら連結する。セル範囲を指定可能。[空の文字列を無視]に「TRUE」と指定した場合、空の[文字列]は無視して[区切り記号]を挿入しない。「FALSE」の場合は必ず[区切り記号]を挿入する。Excel 2021 / 2019、Microsoft 365のExcelで利用可能。

TEXTJOIN関数で[区切り記号]を省略したり、
空白文字("")を指定したりしたときは、ワタシと同じ結果になるにゃ。

ちなみに、引数[空の文字列を無視]に「FALSE」と指定したときは、
空白のセルも含めて、必ず[区切り記号]が挿入されます。
この引数は「TRUE」と指定することがほとんどでしょう。

いろいろな文字列結合の方法があるんですね！
CONCAT、CONCATENATE、&、TEXTJOIN……
状況に応じて使い分けます！

Sheet5 コピペはいらない。私が整えるから

163

シノさんのピンポイント解説！

別々のセルに入力されたデータを連結するとき、改行を挿入したいこともあるでしょう。TEXTJOIN関数とCHAR関数を使ったテクニックを紹介します。

文字列の連結時に改行を挿入する

改行を挿入しながら文字列を連結したいときは、CHAR関数を利用しましょう。引数 [数値] に対応する文字を返します。改行は「10」です。区切り文字として「CHAR(10)」を指定すると、その位置に改行が挿入されます。なお、該当のセルには [折り返して全体を表示する] の設定をしておいてください。

＝CHAR（数値）
キャラクター

数値 文字コードを10進数の数値で指定する。「10」で改行を返す。

セルの文字列を連結するときに改行を挿入できる

> **セルC2の数式** ＝TEXTJOIN(CHAR(10),TRUE,A2:B2)

知っておいて損のないテクニックですよ。
「&」演算子を使う場合は、
「=A2&CHAR(10)&B2」のように記述します。

今まで必死に Alt + Enter キーを押していましたよ……

164

Episode 24

削除してやる!
シートから、
1つ残らず!

ほかのアプリから出力されたデータなどには、何らかの理由で余計な空白や改行が含まれてしまうことがある。キュウは手作業で処理しているようだが、関数を利用すれば、文字列に含まれる不純物の除去が正確に行える。

お前を消す方法

カーソルをセットして Delete 、
カーソルをセットして Delete 、
カーソルをセットして Delete ……

また……なの……?
キュウさん、気を確かに! ちょっと見せて。

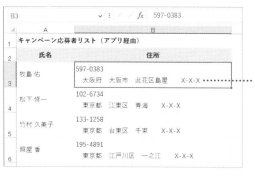

データに含まれる余計なスペースと
改行を削除したい

はっ、シノさん……
アプリ経由のデータには、いつもスペースや改行が入っているんです。
氏名の間のスペースは残したいから一括置換もできないし……

Sheet5

コピペはいらない。私が整えるから

分かりました。そんなときはTRIM関数とCLEAN関数が便利ですよ！
SUBSTITUTEちゃんに似ていますが、
スペースと改行の削除に特化しています。

説明しよう！ **TRIM関数の構文**

=TRIM（文字列）
<small>トリム</small>

引数［文字列］の先頭と末尾に入力されているスペースを削除する。［文字列］の途中に連続して入力されているスペースは1つにまとめる。複数のスペースは左端の1つだけが残されて以降は削除される。スペースの半角・全角は区別しない。

セルE3の数式　=TRIM(B3)

先頭のスペースが削除され、文字列の
途中のスペースは左端の1つだけが残る

改行の後ろのスペースは先頭
ではないので削除されない

まずはTRIM関数でスペースを整えました。
文字列の先頭と末尾のスペースを削除して、
途中にあるスペースは左端の1つを残して削除しています。

すべてのスペースを削除するわけではないのがポイントですね。
ペットのトリミングでも、毛を全部刈ったりしませんしね。

今度はCLEAN関数です。
改行は「制御文字」と呼ばれる特殊な文字ですが、
この制御文字をCLEAN関数でまとめて削除していきます。

CLEAN関数の構文

クリーン
=CLEAN (文字列)

引数[文字列]に含まれる制御文字や特殊文字などの印刷できない文字を削除する。削除後の文字列が返される。

TRIM関数とCLEAN関数を同時に使うには、どうすればいいですか?

TRIM関数とCLEAN関数をネストすればOKですよ。
以下のようにすれば、スペースと改行を一気に処理できます!

セルE3の数式 =CLEAN(TRIM(B3))

セル内の改行を削除できる

シノさん、前々から思っていましたが、あなたは神ですか……?
助かりました! もうコピペも Delete 連打もせずに済みます!

改行を空白で置換する

[検索と置換]ダイアログボックスを使って、改行を削除する方法もある。[検索する文字列]欄をクリックして、Ctrl + J キーを押す。見えにくいが、カンマのような記号(改行コード)が点滅する。[置換後の文字列]欄には何も入力せずに置換すれば、改行が削除される。

Ctrl + J キーを押すと
改行コードを入力できる

Sheet5 コピペはいらない。私が整えるから

シノさんのピンポイント解説！

セル内の空白をすべて削除したいときは、SUBSTITUTE関数を利用します。また、SUBSTITUTE関数とCHAR関数（P.164参照）を組み合わせて改行を削除することもできます。

セル内のスペースをすべて削除する

TRIM関数では、文字列中の複数のスペースは左端の1つが残されます。すべてのスペースを削除したいときは、SUBSTITUTE関数を使いましょう。以下の数式では、内側のSUBSTITUTE関数で半角のスペース、外側で全角のスペースを空白文字("")に置換しています。

> **セルE3の数式**
> =SUBSTITUTE(SUBSTITUTE(B3,"□",""),"□","")

SUBSTITUTE関数をネストして、すべてのスペースを削除する

※ ここでは半角スペースを「□」、全角スペースを「□」と表現しています。

SUBSTITUTE関数で改行を削除する

SUBSTITUTE関数とCHAR関数を組み合わせて、改行を削除することもできます。SUBSTITUTE関数の引数[検索文字列]に改行を表す「CHAR(10)」を指定したうえで、[置換文字列]に空白文字("")を指定します。

> **セルE3の数式**
> =SUBSTITUTE(B3,CHAR(10),"")

SUBSTITUTE関数とCHAR関数の組み合わせでも改行を削除できる

Episode
25

我が文字列に 一片のブレなし

手入力されたデータでは、全角文字と半角文字が混在しがちだ。キュウも他部署から送られてくるファイルで、全角・半角のブレに悩まされているようだ。しかし、全角・半角統一に再入力は必要ない。関数で解決しよう。

全角？ 半角？ どっちなんだい！

シノさん。
人はなぜ、全角と半角を意識しない生き物なのでしょう？

どうしたの突然？

他部署が手入力した型番に、ちょいちょい全角文字が混ざってるんですよ。
私が半角文字に入力し直して戻しても、次に届くとまた全角……
なので毎週毎週、全角から半角への修正の繰り返し。
賽の河原の石積みですかーっ！？

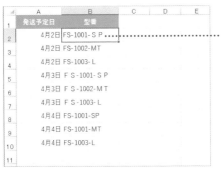

半角で入力するべき値が全角で入力
されていることがある

キュウさん、落ち着いて！
全角と半角の違いを見て見ぬふり……とは、いかないですよね。
ここはASC / JIS関数という便利な関数を使いましょう！

ASC / JIS関数の構文

=ASC (文字列)
アスキー

=JIS (文字列)
ジス

ASC関数は引数［文字列］に含まれる全角文字を半角文字に、JIS関数は半角文字を全角文字に変換する。数値や数式を直接指定することも可能。半角または全角で表せない文字は変換せずにそのまま返す。

全角への変換なら
「=JIS(A2)」ね。
JIS漢字コードに
ちなんだ関数名だから、
迷ったら思い出して。

セルC2の数式
=ASC(**B2**)

全角文字を半角文字に
変換できる

ASC関数は全角を半角に、JIS関数は半角を全角に変換します。
キュウさんが困っていたように、
全角文字を半角文字に変換することが多いでしょう。

私が求めていたのは、まさにこれです。
半角に統一できれば集計作業もはかどります！

今まで大変でしたね、キュウさん。
全角・半角の統一は、データを扱うためにとても大事なこと。
文字列に含まれるスペースが半角か、全角かの違いだけで、
異なるデータになってしまいますから。

ですよね〜。
そういえば、姓と名の間のスペースが半角と全角で
バラバラなこともありますが、それも関数で直せますか?

スペースの半角・全角の統一にも、ASC / JIS関数が使えます。
また、SUBSTITUTE関数とASC / JIS関数を組み合わせて、
スペースを削除することもできます。
SUBSTITUTE関数をネストする方法(P.168参照)よりもシンプルです。

B3				✓ : × ✓ fx	=SUBSTITUTE(ASC(A3)," ","")		
	A	B	C	D	E	F	
1	キャンペーン当選者						
2	氏名	空白削除					
3	大宮　雅弘	大宮雅弘 •••••					
4	小山田 義貴	小山田義貴					
5	小澤　正和	小澤正和					

全角スペースを半角スペースに
揃えて削除する

全角スペースに揃えて
削除してもいい

セルB3の数式　=SUBSTITUTE(**ASC(A3)**,"□","")

※ここでは半角スペースを「□」と表現しています。

ASC / JIS関数を利用できるケースは意外と多いにゃ。
住所の番地を全角・半角のどちらかに統一したいときにも便利にゃ。

D3			✓ : × ✓ fx	=JIS(C3)	
	A	B	C	D
1	キャンペーン当選者			
2	氏名	郵便番号	住所	住所(全角に統一)
3	大宮雅弘	163-3898	東京都江戸川区篠崎町1-2-Xサンシティ314	東京都江戸川区篠崎町１－２－Ｘサンシティ３１４ •••••
4	小山田義貴	108-0921	東京都小金井市梶野町１－３－Ｘ	東京都小金井市梶野町１－３－Ｘ
5	小澤正和	166-0014	東京都昭島市緑町１－Ｘ－１２０３	東京都昭島市緑町１－Ｘ－１２０３
6	斉藤希美	099-8791	北海道名寄市西二条南1-4-X	北海道名寄市西二条南１－４－Ｘ

住所の番地を全角で
統一できる

セルD3の数式　=JIS(**C3**)

なるほど〜。たしかに住所録あるあるです。
漢字と数字が混ざっているセルを参照してもいいんですね。

はい、大丈夫です。
ただし、ビル名などに含まれる英字やカタカナも、
全角や半角に統一されることに注意してくださいね。

文字列を処理する関数としては、ふりがなを取り出すPHONETIC関数もよく知られており、名簿や住所録で重宝します。また、英字の大文字・小文字を切り替える関数や、先頭文字を大文字にする関数もあります。

ふりがなを取り出すPHONETIC関数

入力済みのデータから、ふりがなを取り出せるPHONETIC関数も覚えておきましょう。ただし、ほかのアプリからコピー&ペーストしたデータなど、エクセルで入力・変換をしていない場合は取り出せません。

フォネティック
=PHONETIC (参照)

セルのふりがなを取り出す。セル範囲を指定すると、ふりがなが連結されて取り出される。

……→ ふりがなを
取り出せる

セルB3の数式
=PHONETIC(A3)

英字の表記を統一する関数

英字の表記を統一する専用の関数もあります。大文字に統一するUPPER関数、小文字に統一するLOWER関数、先頭文字を大文字にして、2文字目以降を小文字にするPROPER関数です。全角と半角の変換はしないため、例えば、すべて半角の大文字に統一するなら、ASC関数と組み合わせて「=ASC(UPPER(文字列))」とします。

アッパー
=UPPER (文字列)

英字を大文字に変換する。

ロウアー
=LOWER (文字列)

英字を小文字に変換する。

プロパー
=PROPER (文字列)

先頭文字を大文字にして、2文字目以降を小文字に変換する。

6

ターゲット、ロックオン！

何かお探しですか？
もしよければ、お手伝いしますよ！
表の中から値を探したり、
表から値を取り出したりするのも
得意な仕事の１つなんです。

Episode 26

VLOOKUP……
おそろしい子!

エクセルでは、商品や顧客のリストを「マスター」として参照することが非常に
多い。キュウが今回作成を任された表も、商品リストのマスターから表引きする
のが望ましいだろう。表計算ソフトの真髄をとくとご覧あれ。

値をたずねて三千里

課長から「商品マスターから表引きしてリストを作って」って言われて、
かの有名なVLOOKUPを使うことになったけど、これでいいのかなぁ……
いま、シノさんいないしなぁ……

……VLOOKUP関数を使いたいが……

SUM		∨ : × ✓ ƒx	=VLOOKUP(B2,						
	A	B	C	D	E	F	G	H	I	J
1	注文日	商品コード	商品名	単価	数量	売上		商品コード	商品名	単価
2	3月1日	C001	=VLOOKUP(B2,		33	0		A001	ドキドキペン	110
3	3月1日	C002	VLOOKUP(検索値, 範囲, 列番号, [検索方法])		29	0		A002	ハートペン	120
4	3月1日	B001			35	0		A003	スマイルペン	100

いいですか、落ち着いてください。
引数は1つずつ、着実に指定していくのです。
私があなたを、たったひとつの真実にたどり着けるよう案内します。

くぁwせdrftgy・ふじこlp
びっくりした! いきなり何ですか!?

VLOOKUPですよ。お忘れですか?

エクセルの中の名探偵、VLOOKUPです。
依頼は多いですし、いろいろ話題になるので、
名前くらいはご存知かもしれませんね。

ブイ・ルックアップ
VLOOKUPちゃん

特技
セル範囲から検索値を下方向に検索して、対応する
値を取り出す。

わぁ！ご本人でしたか！
押し寄せる引数に動揺して取り乱してしまいました。

前に会ったときからはずいぶんレベルアップしたって、
ほかの関数ちゃんたちから聞いたけど？

いやぁ～それほどでも～。
VLOOKUPちゃんこそ、いつも大人気じゃないですか。
あ、もしかして「V」って「Victory」の「V」? 勝ち組ってこと？

ただいま～。って、違いますよ、キュウさん……
VLOOKUPちゃんの「V」は「Vertical」の「V」です。
検索方向が垂直、つまり縦であることを意味しています。

私は表を下方向に検索して、
見つけた検索値の右側にある値を返します。
私の4つの引数を次に説明しますね。

説明しよう! **VLOOKUP関数の構文**

ブイ・ルックアップ
=VLOOKUP (検索値, 範囲, 列番号, 検索方法)

引数 [範囲] の左端を下方向に検索して、[検索値] に一致するセルと同じ行の [列番号] にあるセルの値を取り出す。[検索方法] には「TRUE」(近似一致) か「FALSE」(完全一致) を指定する。省略すると「TRUE」とみなされる。「TRUE」の場合は、[範囲] の左端を昇順(小さい順)に入力しておく必要がある。「FALSE」にした場合、[検索値] に一致する値がないと [#N/A] エラーが表示される。

VLOOKUPちゃんの引数は多いだけじゃなくて、
順番に意味があったり、指定するのがセル範囲だったり
文字列だったり数字だったり論理値だったりするので……
もう頭がパンクしそうです……

難しく感じるのも当然です。まずは全体像を見てみましょう。
この例では「商品名」を、「商品コード」を検索値として
右側の商品マスターから表引きしようとしています。

◆検索値　　　　　　　　　　　　　　　　　　　　　　◆範囲

[検索値] を [範囲] から探して
○列目の値を返す

◆列番号

[検索値]はセルB2に入力されている商品コードですね。
[範囲]は表引きするセル範囲で、[検索値]を探す列を左端として、
対応する値が入力されている列を含んだセル範囲を指定します。
[列番号]には[検索値]が見つかった行の値のうち、
[範囲]の左から何列目の値を返すのかを数値で指定します。

[検索値]はセルB2で、[範囲]は商品マスターのセル範囲で……
あっ、いちばん上にある見出しの行は含めても大丈夫ですか?

[検索値]の商品コードは「C001」といったデータなので、
商品マスターの見出し「商品コード」と一致することはないですよね?
なので、問題ありません。

分かりました。次は[列番号]か……
取り出したい商品名は[範囲]の左から2番目にあるから、「2」ですね!
4つめの引数[検索方法]というのは……?

とりあえず「FALSE」と指定すると覚えてください。
「0」でも構いませんが、省略はできません。

商品コードに対応する……
商品名を取り出せた

セルC2の数式 = VLOOKUP(**B2**,**H1:J11**,**2**,FALSE)

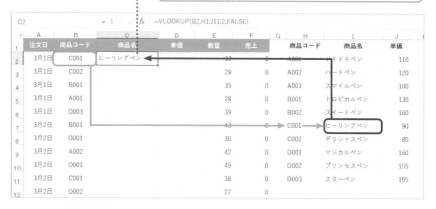

商品コード「C001」に対応する商品名が表示された……
でっ、できましたー!!

単価を取り出したいときは、
3列目だから[列番号]を「3」として
「=VLOOKUP(B2,H1:J11,3,FALSE)」
となります。

参照ずれを防げ

キュウさん、やりましたね！では、私の数式をコピーしていきましょう。
参照がずれないように[範囲]は絶対参照にして、
[検索値]は列のみを固定する複合参照にしておくといいですよ。
以下のようにならないようにね。

相対参照の数式をコピーすると、
セル参照がずれてしまう

セルを編集状態に切り替えると、セル参照が
ずれていることが分かる

SUM		✓ : × ✓ fx	=VLOOKUP(B5,H4:J14,2,FALSE)								
	A	B	C	D	E	F	G	H	I	J	
1	注文日	商品コード	商品名	単価	数量	売上		商品コード	商品名	単価	
2	3月1日	C001	ヒーリングペン		33	0		A001	ドキドキペン	110	
3	3月1日	C002	デリシャスペン		29	0		A002	ハートペン	120	
4	3月1日	B001	トロピカルペン		35	0		A003	スマイルペン	100	
5	3月1日	A001	=VLOOKUP(B5,H4:J14,2,FALSE)		28	0		B001	トロピカルペン	130	
6	3月1日	D003	スターペン		39	0		B002	スイートペン	100	
7	3月2日	B001	#N/A		43	0		C001	ヒーリングペン	90	
8	3月2日	D001	マジカルペン		30	0		C002	デリシャスペン	80	
9	3月2日	A002	#N/A		42	0		D001	マジカルペン	160	
10	3月2日	D001	マジカルペン		49	0		D002	プリンセスペン	155	
11	3月2日	C001	#N/A		38	0		D003	スターペン	165	
12	3月2日	D002	#N/A		27	0					
13	3月2日	A002	#N/A		33	0					
14	3月3日	A003	#N/A		25	0					
15	3月3日	B002	#N/A		30	0					

セル参照がずれて検索値が見つからない場合、
[#N/A]エラーが表示される

この例では、[範囲]を「$H$1:$J$11」とするのが正解です。
[検索値]を列のみ固定する複合参照は「$B2」となります。
これはVLOOKUPちゃんの数式を横方向へコピーするとき、
商品コードがあるB列への参照をずらさないようにするためです。
先ほどの数式を修正すると、以下のようになります。

セルC2の数式 ※セル参照を修正　=VLOOKUP(**$B2**,**$H$1:$J$11**,2,FALSE)

セルの参照方式の切り替えは F4 キーでしたよね？（P.28参照）
絶対参照の「$」を見るだけで、難しい数式なのかなと思っていましたが、
ちゃんと理由があったんですね。

参照方式を「重要なルール」と表現したのは、
頻出するうえに効果が大きいからなんです。
そうそう、VLOOKUPちゃんには列全体をどーんと渡すのもおすすめです！

セルC2の数式
=VLOOKUP($B2,$H:$J,2,FALSE)

VLOOKUP関数の引数[範囲]に
列全体を指定する

SUM		∨ : × ✓ fx	=VLOOKUP($B2,$H:$J,2,FALSE)						
	A	B	C	D	E	F	G	H	I	J
1	注文日	商品コード	商品名	単価	数量	売上		商品コード	商品名	単価
2	3月1日	C001	=VLOOKUP($B2,$H:$J,2,FALSE)		33	2,970		A001	ドキドキペン	110
3	3月1日	C002	デリシャスペン	80	29	2,320		A002	ハートペン	120
4	3月1日	B001	トロピカルペン	130	35	4,550		A003	スマイルペン	100
5	3月1日	A001	ドキドキペン	110	28	3,080		B001	トロピカルペン	130
10	3月2日	D001	トロピカルペン	160		7,840		D002	プリンセスペン	155
11	3月2日	C001	ヒーリングペン	90	38	3,420		D003	スターペン	165
12	3月2日	D002	プリンセスペン	155	27	4,185				
13	3月2日	A002	ハートペン	120	33	3,960				
14	3月3日	A003	スマイルペン	100	25	2,500				
15	3月3日	B002	スイートペン	100	30	3,000				

どーんと、って……
上の数式は[範囲]が「$H:$J」になっていますね。
これでいいんですか？

「(列番号):(列番号)」は「列の上から下まですべて参照する」ことを
意味します。数式を下方向へコピーしても、セル参照はずれません。
これを相対参照で指定すると「H:J」で、数式を横方向へコピーしないなら、
そのままでも構いません。ここでは横方向へコピーしてもずれないように、
「$H:$J」と絶対参照にしています。

なるほど……
（セル参照を絶対にずらさない強い意志を感じる……）

ただし、列全体を参照するときは、
列の下側に余計なデータを入力してはいけません。
意図しないデータが表引きされてしまう可能性があります。

あと、[範囲]が「3」列しかないのに、
[列番号]に「4」（4列目）を指定すると、エラーになります。
[範囲]は右端の列まで指定しておくと、このようなミスを避けられますよ。

VLOOKUPちゃんの弱点

実は、VLOOKUPちゃんには弱点があります。
以下は先ほどの表に「シリーズ」列を追加した状態です。
商品コードを[検索値]として[範囲]を探すと、[#N/A]エラーになります。

◆検索値　　　　　　　　　　　　　　　　　　　　　　　　◆範囲

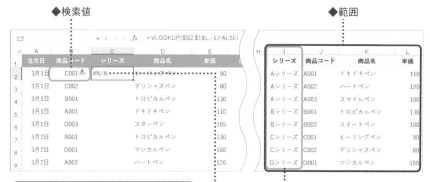

セルC2の数式 ※間違い
=VLOOKUP(**$B2**,**$I:$L**,**-1**,FALSE)

[検索値]の「C001」が[範囲]の左端列から
検索され、該当のデータはないと判断される

ん?「シリーズ」列は「商品コード」列の1つ左側だから、
[列番号]は「-1」で間違っていないような……
これでは値を持って来てもらえないんですか?

[範囲]には「左端の列を検索する」というルールがあります。
また、[検索値]に対応する値は[範囲]の中に含まれるのもルールです。
「-1」は[範囲]の外なので、当然エラーになります。

でも、[範囲]は「$I:$L」に修正しているから、
追加した「シリーズ」列を含んでいますよ?
あっ、もしかして……

気付きましたか?[範囲]の左端が「シリーズ」列に変わったので、
私はその中から[検索値]を探します。最初の検索値「C001」を探すと……
……#N/A

あっ、エラーになってしまいました……
このように、VLOOKUPちゃんは検索する列よりも左側の値を
持って来ることができないんです。

「TRUE」と「FALSE」

先ほどは『とりあえず「FALSE」』とはぐらかされちゃいましたが、
4つめの引数[検索方法]ってどういう意味があるんですか？
私、気になります！

「FALSE」は完全一致、「TRUE」は近似値一致になります。
検索値は完全一致で探すことが多いので『とりあえず「FALSE」』なんです。
これまでの例では、すべて「FALSE」を指定していましたよね。

以下に「FALSE」と「TRUE」の場合を並べたので、違いを確認してください。
「TRUE」にする場合は検索対象となる[範囲]の左端を昇順（小さい順）に
並べ替えておかないと、予期せぬ結果になる可能性があります。

[検索値]は「200」

………… [検索方法]が異なる

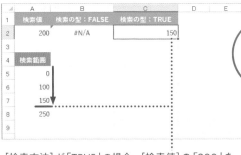

TRUE（近似値一致）のときは
該当の数値がなくても
[検索値]を超えない最大値を
一致とみなします。

[検索方法]が「TRUE」の場合、[検索値]の「200」を
超えない最大値「150」が一致したとみなされる

むむむ……
「TRUE」はたしかに下準備が面倒かもですが、
ちゃんとメリットもあるんですよ！

「TRUE」は近似値一致……
どんなメリットがあるんですか？

例えば、販売数に応じた値引率、点数に応じた評価など、
「基準を満たすかどうか」で欲しい値が変わる表引きに便利です。
例えば、以下は「基準販売数」を「実売数」が満たすかどうかで、
異なる「割引率」を取得する仕組みになっています。

セルE2の数式　　=VLOOKUP(D2,$A$2:$B$7,2,TRUE)

[検索値]が「50」のとき、
近似値一致の結果は「0」となる

基準の販売数を超えるかどうかで、
割引率を設定できる

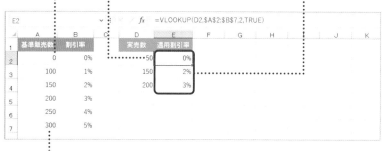

[範囲]の左端（検索対象の列）は
昇順（小さい順）に並べ替えておく

「基準販売数」列に入力されている
数値を変えれば、数式を修正しなくても
判定基準を変更できるんだ!

ふむふむ……
IF関数をネストして、複数の条件分岐をする動作に似ていますね!

キュウさん、すごいですね! その通りです。
IFS関数の代わりに使われることも多いですよ。
基準となる値を変更すれば、数式はそのままで
条件を切り替えられるのもいいところですね。

判定基準は「以上」「未満」です。
上の例では「0以上、100未満」は「0%」、「100以上、150未満」は「1%」、
「150以上、200未満」は「2%」という判定をしています。

助けて！風紀委員長IFERRORちゃん

VLOOKUPちゃんを使って、「商品コード」欄にコードを入力したら
「商品名」が表示される仕組みができたのだけど……
コードの入力前にエラーが出てしまうのは、何かカッコ悪いなぁ。
シノさん、何か方法はありますか？

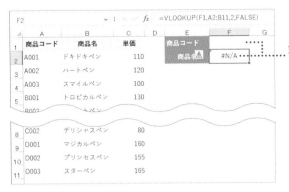

空白のセルを参照しているので
[#N/A] エラーが表示される

セルF2の数式 =VLOOKUP(**F1**,**A2:B11**,**2**,FALSE)

これはVLOOKUPちゃんの通常の動作ですけど、
気になるなら、IFERRORちゃんの力を借りましょう。
エラー値を非表示にできますよ。

また私に御用ですか？
VLOOKUPちゃんの数式を、私の引数として渡してください。

説明しよう！ **VLOOKUP / IFERRORの組み合わせは定番**

IFERROR関数を利用して、VLOOKUP関数の表示する[#N/A]エラーを非表示にする処理は定番だ。引数[値]にVLOOKUP関数の数式を指定し、[エラーの場合の値]に表示する文字列を指定する。空白の文字(""")を指定することで、エラー値を非表示にするわけだ。

イフ・エラー
=IFERROR (値,エラーの場合の値)

セルF2の数式 =IFERROR(VLOOKUP(F1,A2:B11,2,FALSE),"")

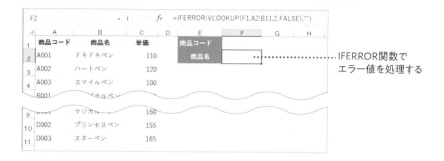

.... IFERROR関数で
エラー値を処理する

おお〜っ。
[#N/A]エラーが消えました！

正確には数式が返すエラー値の代わりに空白の文字("")を表示しています。
「"未入力"」「"該当なし"」など、任意の文字列を指定することもできますよ。

商品コードが空白かどうかの条件分岐と読み替えれば、
私にも造作のなきこと……です。

セルF2の数式 =IF(F1="","",VLOOKUP(F1,A2:B11,2,FALSE))

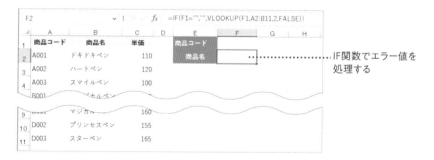

.... IF関数でエラー値を
処理する

IFちゃんを利用して、あるセルが空白なら空白の文字列("")を表示、
そうでなければ数式を処理する条件分岐もよく使われます。
数式の読み方に慣れておきましょう。

横のVLOOKUPと呼ばないで

 水平方向(Horizontal)に、VLOOKUPちゃんと同じことができる
HLOOKUPちゃんもいるのですが……あまり見かけることがありません。
その理由を本人に聞いてみましょう。

VLOOKUPちゃんの双子の姉、HLOOKUPです。
動作はVLOOKUPを横に寝かせたと
思ってもらえれば大丈夫です。
VLOOKUPちゃん、私の分までがんばってぇ。

エ イ チ ・ ル ッ ク ア ッ プ
HLOOKUPちゃん

特技

セル範囲から検索値を右方向に検索して、対応する
値を取り出す。

説明しよう！ **HLOOKUP関数の構文**

エ イ チ ・ ル ッ ク ア ッ プ
=HLOOKUP (検索値, 範囲, 行番号, 検索方法)

引数 [範囲] の先頭行を右方向に検索して、[検索値] に一致するセルと同じ列
の [行番号] にあるセルの値を取り出す。[検索方法] には「TRUE」(近似一致) か
「FALSE」(完全一致) を指定する。省略すると「TRUE」とみなされる。「TRUE」
の場合は、[範囲] の先頭行を左から昇順 (小さい順) に入力しておく必要がある。
「FALSE」の場合、[検索値] に一致する値がないと [#N/A] エラーが表示される。

ターゲット、ロックオン！

私があまり使われない理由ですか……？
エクセルではデータを下方向に追加することが多いですし、
マウスのスクロールが縦方向なのも、きっとそういうことよね～。

たしかに、横に追加する表はあまり見たことがないですね。

まったくないわけではないですよ。
ほら、カタログのスペック表とか。

セルB2の数式　=HLOOKUP(**B1**,**A4:D6**,**3**,FALSE)

◆検索値

| B2 | | | f_x =HLOOKUP(B1,A4:D6,3,FALSE) | | | |

	A	B	C	D	E	F	G
1	型番	V003					
2	色	緑					
3							
4	型番	V001	V002	V003			
5	サイズ	60	70	80			
6	色	赤	青	緑			
7							

1行目
2行目
3行目

[検索値]を[範囲]から探して
○行目の値を返す

◆列番号

◆範囲

お姉ちゃんは悪くないんです！
ただ、エクセルという環境が不利すぎるだけなんです。

HLOOKUPちゃんは、VLOOKUPちゃんと検索方向が違うだけですから、
はじめてでも難なく使えるはずですよ。

横方向の表で表引きしたくなったら思い出してくださいね。
絶対、約束ですよ～！

Episode 27 探偵事務所 MATCH & INDEX

「役職」と「出張先」という2つの要素から決定される、日当の金額表を作成しているキュウ。こうしたクロス表から値を引っ張り出すためには、ちょっとしたテクニックが必要となる。その役に立つ関数ちゃんとは?

縦横の表、何と呼ぶ?

出張の日当表から金額を自動的に取得するにはどうすれば……?
そもそも、こういう表は何て呼べばいいんだろう?

	A	B	C	D
1	出張日当表			
2		一般社員	課長	部長
3	日帰り	1,000	2,000	3,000
4	県内	2,000	5,000	7,000
5	県外	2,500	5,500	7,500

……出張先が「県外」で役職が「課長」の
日当は「5,500」円と分かる

「クロス表」または「クロス集計表」と呼ばれますね。
このような形式の表から目的の値を取り出すには、
MATCHちゃんとINDEXちゃんのコンビによるネストが定番でしょう!

MATCHちゃん、INDEXちゃん……まだ知らない関数ちゃんです。
VLOOKUPちゃんではできないんですか? 何となく得意そうですけど……

VLOOKUPちゃんだけでは難しくて、
MATCHちゃんと組み合わせることはあります(P.195参照)。
さっそくINDEXちゃんとMATCHちゃんに会いに行きましょう!

Sheet6 ターゲット、ロックオン!

とある表のINDEX

INDEXちゃん、こんにちは!
クロス表を読み解くには「○行目×○列目」の情報が重要ですが、
INDEXちゃんなら確実に教えてくれますよ。

ご紹介にあずかり、とてもうれしく思います。
あなたがキュウさんですね。はじめまして。
縦と横のセルが集まったセル範囲は、まるで本棚のように見えませんか?

私は図書館で司書をしているINDEXと申します。
本棚のようなセル範囲の扱いは
おまかせください。

INDEXちゃん
インデックス

［ 特 技 ］
行番号と列番号の交差する位置の値を求める。

は、はじめまして!
セル範囲が本棚……?
うん、言われてみると、そう見えてきますね。

説明しよう! **INDEX関数の構文**

インデックス
=INDEX (配列, 行番号, 列番号)

［配列］から［行番号］と［列番号］が交差する位置の値を求める。先頭の行や列を
「1」として数える。1行、または1列のみの場合は［行番号］［列番号］を省略する。

先ほどの出張日当の表は、セルB3〜D5に入力されています。
例えば「県外」に「課長」が出張したときの日当は「5,500」円ですね。
「5,500」はセル範囲（B5:D5）の中で3行目2列目の位置にあります。
これらの情報をINDEXちゃんに伝えれば、金額を返してくれますよ。

セルG5の数式　=INDEX(**B3:D5**,**G3**,**G4**)

| G5 | | | ∨ : × ✓ fx | =INDEX(B3:D5,G3,G4) | | | |

	A	B	C	D	E	F	G	H
1	出張日当表							
2		一般社員	課長	部長				
3	日帰り	1,000	2,000	3,000		県外	3 行目	
4	県内	2,000	5,000	7,000		課長	2 列目	
5	県外	2,500	5,500	7,500		日当	5,500	

セルG3には「県外」の行番号「3」を入力してある

セルG4には「課長」の列番号「2」を入力してある

[配列]（セルB3〜D5）の3行目、2列目にある値は「5,500」

[配列]にはセル範囲、[行番号]と[列番号]には数値を指定してください。
[行番号]と[列番号]を数式中に直接指定するのは大変ですので、
セル参照をしていただくのがよろしいかと思います。

確かに、目的の値は取り出せましたけど、
毎回[行番号]と[列番号]を調べて指定しないといけないですよね？

そうですね。
でも、私には[行番号]と[列番号]を教えてくれる
情報屋のようなMATCHちゃんという存在があるので安心してください。

MATCHよ！よろしくね！！
INDEXちゃんは私の相棒。
いくつもの依頼を一緒にこなしてきたのよ！

INDEXちゃんとMATCHちゃんは名コンビですもんね！

それを聞いて安心しました。
MATCHちゃんの活躍に期待大です！

名探偵MATCH

私は探偵をしているMATCH。
探しものならまかせてちょうだい！
セルに入力されている値の位置を求めるわ。

MATCHちゃん

特技

検索値が横方向なら左から何番目、縦方向なら上から何番目にあるかを求める。

 INDEXちゃんに渡したいのは
「県外」の[行番号]と「課長」の[列番号]でしたよね？
名探偵MATCHちゃんに依頼して、教えてもらいましょう。

 細い通りを地道に捜索……いえ、検索するから、
[検索範囲]は1行か1列で指定してよね。

説明しよう！ MATCH関数の構文

=MATCH (検索値, 検索範囲, 照合の種類)

[検索値]が[検索範囲]の何番目かを求める。[検索範囲]の先頭のセルを「1」として数えた値が返される。[照合の種類]が「0」なら一致するデータを探す。「1」または省略の場合は[検索値]以下の最大値、「-1」の場合は[検索値]以上の最小値を探す。「1」では昇順、「-1」では降順でデータを並べ替えておく必要がある。

あと、完全に一致する値を探すことが多いだろうから、
[照合の種類]はおまじないのように「0」と覚えておいて！
忘れたり省略したりすると、完全一致で探さないわよ。

セルG3の数式 =MATCH(F3,A3:A5,0)
セルG4の数式 =MATCH(F4,B2:D2,0)

「県外」はセルA3〜A5の
3行目と求められる

「課長」はセルB2〜D2の
2列目と求められる

[検索値]が[検索範囲]の何番目なのかという数値を
MATCHちゃんが教えてくれるのですね！
FINDちゃんがLEFTちゃんに「-」の位置を教えたときと似ていますね。

INDEXちゃんがセル参照する[行番号]と[列番号]を
MATCHちゃんが直接渡すようにネストすると、以下のようになります。

セルG5の数式 =INDEX(B3:D5,MATCH(F3,A3:A5,0),MATCH(F4,B2:D2,0))

INDEX関数にMATCH関数をネストして、
1つの数式で求められる

私にMATCHちゃんをネストするときは、
[行番号][列番号]の順番で指定してください。

MATCHちゃんとINDEXちゃんのネストを応用すると、
便利な表が作れるようになりますよ。
出張先と役職の2つの情報をもとにして、自動的に日当を入力できます。
複雑な数式に見えますが、1つ1つの数式は先はどと同じです。レッツトライ！

セルE3の数式
=INDEX($H$3:$J$5,MATCH(D3,$G$3:$G$5,0),MATCH(C3,$H$2:$J$2,0))

C列に入力されている役職から列番号を求める

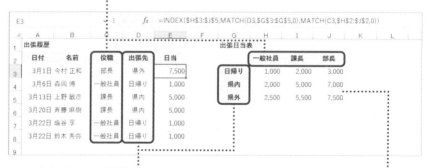

D列に入力されている出張先から
行番号を求める

出張先と役職の2つの情報から
日当を自動的に入力できる

MATCHちゃんの［検索範囲］を
複数行や複数列で指定すると
［#N/A］エラーになるので注意です。

説明しよう！ **スピル対応のXMATCH関数**

エックス・マッチ
=XMATCH (検索値, 検索範囲, 一致モード, 検索モード)

MATCH関数の後継として、Excel 2021、Microsoft 365で利用できるXMATCH関数
もある。後述する「スピル」に対応しているので、1つの数式で複数の列や行を取得
可能だ。［検索値］が［検索範囲］の何番目にあるかを求めることができ、［一致モー
ド］はMATCH関数の［照合の種類］に相当する引数となっている。「0」または省略
すると「一致」で検索する。［一致モード］と［検索モード］に指定できる数値は、次
のエピソードで登場するXLOOKUP関数と同様だ。

LOOKUP探偵事務所から案件奪取

 同業のLOOKUP探偵事務所には仕事をとられてばかりだけど、あのVLOOKUPちゃんにも手を出せない案件があるのよね。

 検索値よりも左にある値が欲しいという案件ですね。

 MATCHちゃんとINDEXちゃんのネストは汎用性が高いので、いろいろなところで見かける定番のテクニックなんですよ！
まぁ、XLOOKUPちゃんにも同じことができてしまうんですけど……

  XLOOKUPちゃんは、古いバージョンのエクセルに入れないという弱点があるでしょ！！シノさん！

 そ、そうでしたね〜。
ま、その話はまたあとで……

 XLOOKUPちゃん？ 誰のことですか？
とにかく、INDEXちゃんとMATCHちゃんのネストについてもっと教えてください！

 以下のような商品リストで、「商品名」を手がかりに「商品コード」を探す例で考えてみましょう。
「商品コード」列は「商品名」列よりも左側にあるので、VLOOKUPちゃんは、その値を持って来られませんよね？

	A	B	C	D
1	商品コード	商品名	単価	
2	A001	ドキドキペン	110	
3	A002	ハートペン	120	
4	A003	スマイルペン	100	
5	B001	トロピカルペン	130	
6	B002	スイートペン	100	
7	C001	ヒーリングペン	90	
8	C002	デリシャスペン	80	
9	D001	マジカルペン	160	

［範囲］の左側には何もないようですね。

このとき、頼りになるのがMATCHちゃんです。
MATCHちゃん、下の表の「トロピカルペン」の位置を教えてもらえませんか？

「トロピカルペン」の位置を知りたいのね？
商品名の入力されているセル範囲（B2:B11）で4番目よ。
INDEXちゃん、あとはお願い！

MATCHちゃんに「4」と教えてもらえれば、あとは簡単です。
私は商品コードが入力されているセル範囲（A2:A11）から
4行目の値を求めます。
［範囲］とする商品コードの列は、1列なので［列番号］は省略します。

セルF2の数式 =INDEX(**A2:A11,MATCH(F1,B2:B11,0)**)

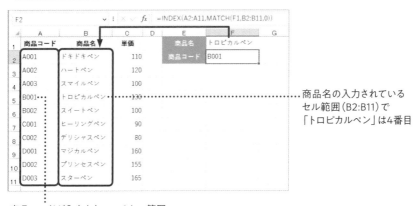

商品名の入力されている
セル範囲（B2:B11）で
「トロピカルペン」は4番目

商品コードが入力されているセル範囲
（A2:A11）の4行目は「B001」

おおっ。MATCHちゃんとINDEXちゃんは、探偵と助手のようですね！
これなら検索値より左側に欲しい値があっても問題ないです！

VLOOKUPちゃんで表引きができないときは、
MATCHとINDEXのコンビを思い出してね！

VLOOKUP関数とMATCH関数を組み合わせるテクニックもよく使われます。MATCH関数で求めた数値をVLOOKUP関数の引数[列番号]に指定して、値を取り出す列を切り替えます。

MATCH関数で[列番号]を切り替える

以下のシートには出張履歴がリストでまとめられており、C列の役職とD列の出張先から、自動的に日当を表示したい状況です。参照する出張日当表は、左端列に出張先、上端行に役職が入力されています。

MATCH関数を使って、役職が
[検索範囲]の何番目かを求める

MATCH関数の結果をVLOOKUP関数の
[列番号]に指定する

E3				✓ : × ✓ fx	=VLOOKUP(D3,$G$3:$J$5,MATCH(C3,$G$2:$J$2,0),FALSE)						
▲	A	B	C	D	E	F	G	H	I	J	K	L

出張履歴						出張日当表			
日付	名前	役職	出張先	日当			一般社員	課長	部長
3月1日	今村 正和	部長	県外	7,500		日帰り	1,000	2,000	3,000
3月6日	森岡 博	一般社員	日帰り	1,000		県内	2,000	5,000	7,000
3月13日	上野 敏彦	課長	県内	5,000		県外	2,500	5,500	7,500
3月20日	斉藤 麻樹	課長	県内	5,000					
3月22日	塩谷 亨	一般社員	日帰り	1,000					

出張先をVLOOKUP関数の[検索値]として
[範囲]を検索する

「検索値に対応する○列目の値」を取り出すVLOOKUP関数は、[列番号]が未確定では表引きできません。C列の値によって変化する[列番号]を取得するために、MATCH関数と組み合わせるわけです。MATCH関数の[検索対象]として既存の表見出しを指定すると、「その値が表の何列目にあるか?」を求められます。

セルE3の数式
=VLOOKUP(**D3,$G$3:$J$5,MATCH(C3,$G$2:$J$2,0)**,FALSE)

出張日当表の左端列が出張先なので、VLOOKUP関数の[検索値]として、出張日当表(セルG3~J5)を[範囲]とします。MATCH関数の[検索値]は役職、[検索範囲]は上端行(セルG2~J2)です。MATCH関数の結果をVLOOKUP関数の[列番号]とするため、セルG2を含めて指定します。例えば「部長」であれば「4」(列目)とする目的です。VLOOKUP関数とMATCH関数を切り分ければ、難しい数式ではありません。よく使われるテクニックなので、ぜひチャレンジしてみてください。

Sheet6

ターゲット、ロックオン！

XLOOKUP

Episode 28 縦横無尽、大怪盗XLOOKUP

エクセルは日々進化しており、新しい関数が次々と追加されている。近年追加されたものの中でも、特にインパクトが大きいのが「XLOOKUP」だ。彼女が使えるバージョンは限られるが、心強い味方となるのは間違いない。

忍び寄る「エックス」の影

あなた方が使用しているパソコン、最近更新されたようですね。と、いうことは……「エックス」が出没するかもしれない…

「エックス」? エクセルの新しいバージョンのことですか?

XLOOKUPちゃんですよ!
表を検索して、検索値に対応する値を持ってきてくれるんです。

XLOOKUP……この前、聞いた名前です!
「X」だから……斜め方向に検索ですか?
説明だけ聞くとVLOOKUPちゃんたちと同じですね。

彼女はとんでもないものを盗んでいきました。

私たちの仕事です。
私は一向に構わないんですけどね〜。

バージョンを上げてくれたおかげで、
君たちと相まみえることができた。心より感謝する。

我が名は大怪盗XLOOKUP。
どんな宝でも必ず見つけ出して
盗んでみせよう。

エックス・ルックアップ
XLOOKUPちゃん

特技
縦でも、横でも、検索値に対応する値を取り出す。

さて、依頼は何かな?
探偵が手を出せない依頼であろうと、
この私が引き受けて差し上げよう。

か……怪盗エックス!!
あの、XLOOKUPちゃんとお呼びしてよろしいでしょうか……

説明しよう! ## XLOOKUP関数の構文

エックス・ルックアップ
=XLOOKUP (検索値, 検索範囲, 戻り範囲, 見つからない場合, 一致モード, 検索モード)

引数[検索値]を[検索範囲]の中で検索し、見つかった位置に対応する[戻り範囲]の値を返す。[検索値]が[検索範囲]にない場合の処理を[見つからない場合]に指定する。省略して該当する[検索値]がない場合は[#N/A]エラーが表示される。[一致モード]には完全一致(「0」または省略)か、近似一致かを指定する。[検索モード]は検索する方向を指定する。

Sheet6 ターゲット、ロックオン!

197

XLOOKUPちゃんの引数は全部で6つ。
複雑に見えるかもしれませんが、「完全一致」の表引きなら
[検索値][検索範囲][戻り範囲]の3つの引数を指定するだけです。

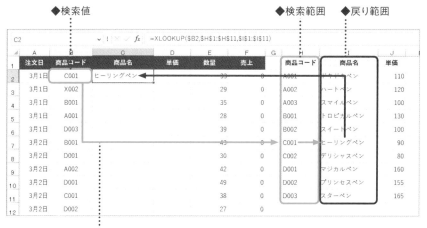

◆検索値　　　　　　　　　　　　　　　　　　◆検索範囲　◆戻り範囲

[検索値]を[検索範囲]から探して、
対応する値を[戻り範囲]から返す

セルC2の数式　=XLOOKUP($B2,$H$1:$H$11,$I$1:$I$11)

[検索範囲]と[戻り範囲]を別々に指定するんですね。
VLOOKUPちゃんのように、何列目かを数えなくていいのは楽です。

そこはポイントの1つです。
数式をよく見て、XLOOKUPちゃんの構文を理解しておきましょう。

説明しよう！ **互換性に注意**

XLOOKUP関数が利用できるのは、Excel 2021 /
2019、Microsoft 365のExcelのみ。また、契約形態に
よって利用できないこともある。任意のセルに「=xl」
と入力して、候補に「XLOOKUP」が表示されるかを確
認しよう。もし非対応の環境でXLOOKUP関数を含む
ファイルを開く可能性があるなら、VLOOKUP関数や
HLOOKUP関数、MATCH / INDEX関数を利用しよう。

「=xl」と入力して、候補に
「XLOOKUP」が表示され
れば利用可能

私の第4引数[見つからない場合]を設定するとこうなる。
無論、IFERRORちゃんなど、ほかの関数ちゃんの助けは不要だ。
VLOOKUPちゃんとはひと味違うぞ。

セルC3の数式 =XLOOKUP($B3,$H$1:$H$11,$I$1:$I$11,"該当なし")

	A	B	C	D	E	F	G	H	I
1	注文日	商品コード	商品名	単価	数量	売上		商品コード	商品名
2	3月1日	C001	ヒーリングペン		33	0		A001	ドキドキペン
3	3月1日	X002	該当なし		29	0		A002	ハートペン
4	3月1日	B001			35	0		A003	スマイルペン

C3 =XLOOKUP($B3,$H$1:$H$11,$I$1:$I$11,"該当なし")

該当する[検索値]が見つからないときに
表示する文字列を指定できる

なんと！ エラー処理もできるなんて……
これは便利かも。

ただし、[見つからない場合]を省略して、[検索値]が
[検索範囲]に見つからなかった場合は[#N/A]エラーが表示されます。
[見つからない場合]には空白の文字列("")を指定することが多いですね。

セルC3の数式 =XLOOKUP($B3,$H$1:$H$11,$I$1:$I$11)

	A	B	C	D	E	F	G
1	注文日	商品コード	商品名	単価	数量	売上	
2	3月1日	C001	ヒーリングペン		33	0	
3	3月1日	X002	#N/A		29	0	
4	3月1日	B001			35	0	

C3 =XLOOKUP($B3,$H$1:$H$11,$I$1:$I$11)

[見つからない場合]を省略して、該当する[検索値]が
見つからないときは[#N/A]エラーが表示される

エラー値を非表示にするなら
「""」と指定しておくべきだな。

検索する方向が横であろうと、私にとっては造作もないことだ。
そのような珍しい造りの表に侵入する機会は、それほど多くはないのだがね。
HLOOKUPちゃんの仕事も盗んでしまったかな。

◆検索値

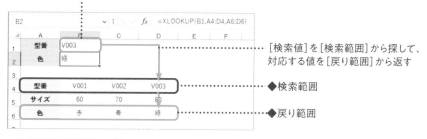

[検索値]を[検索範囲]から探して、対応する値を[戻り範囲]から返す

◆検索範囲

◆戻り範囲

セルB2の数式 =XLOOKUP(B1,A4:D4,A6:D6)

横方向に検索も！
これって、そのまんまHLOOKUPちゃんの……

説明しよう！ **引数[一致モード]と[検索モード]はいつ使う？**

XLOOKUP関数の引数[検索値]の検索方法を指定するのが[一致モード]だ。「0」
または省略で完全一致で検索する。「-1」は近似一致の検索で、VLOOKUP関数の
「TRUE」に相当する(P.181参照)。[検索モード]は検索の方向を指定する。一般的な
用途では省略することが多いだろう。

■ 引数[一致モード]に指定できる値

値	検索方法
0または省略	完全一致で検索
-1	[検索値]以下の最大値を検索
1	[検索値]以上の最小値を検索
2	ワイルドカードを検索

■ 引数[検索モード]に指定できる値

値	検索方法
1または省略	先頭から検索
-1	末尾から検索
2	昇順で並べ替えられた範囲を検索
-2	降順で並べ替えられた範囲を検索

ところでキュウさん、
VLOOKUPちゃんの弱点を覚えてますか？

検索する列より左側の値は持って来られない、でしたよね？
でも、MATCHちゃんとINDEXちゃんのコンビで解決できましたよ？
まさか……それも……？

私は[検索範囲]の右だろうが、左だろうが関係なく値を取り出せる。
そもそも[検索範囲]と[戻り範囲]を別々に指定するため、問題が生じない。
ただし、マナーとして2つの範囲の高さは揃えておいてもらおうか。
列全体で指定するのもいいだろう。

◆検索値　　　　　　　　　　　　　　◆戻り範囲　◆検索範囲

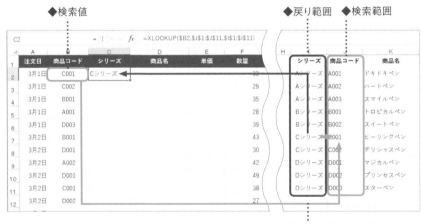

[戻り範囲]が[検索範囲]の左側に
あっても問題なく取り出せる

まさに縦横無尽……万能すぎて怖いくらいですね。

VLOOKUPちゃんと同じように表引きができて、横方向の検索も可能。
エラーにも対処でき、範囲の左側の値も取り出せて心強いですよね。
ただし、新しい関数なので、Excelのバージョンに注意しましょう。

どうもホコリっぽいところは苦手でね。
だが、我が名がこの世に知れ渡るのも時間の問題だろう。

キュウさん、XLOOKUPちゃんとは仲良くなれそう?
もうひとつ、とっておきの機能があるんだけど……
この表で単価を取り出したいとき、キュウさんならどのように記述しますか?

	A	B	C	D	E	F	G	H	I	J
C2			=XLOOKUP($B2,$H$1:$H$11,$I$1:$I$11)							
1	注文日	商品コード	商品名	単価	数量	売上		商品コード	商品名	単価
2	3月1日	C001	ヒーリングペン		33	0		A001	ドキドキペン	110
3	3月1日	C002			29	0		A002	ハートペン	120
4	3月1日	B001			35	0		A003	スマイルペン	100
5	3月1日	A001			28	0		B001	トロピカルペン	130
6	3月1日	D003			39	0		B002	スイートペン	100
7	3月2日	B001			43	0		C001	ヒーリングペン	90
8	3月2日	D001			30	0		C002	デリシャスペン	80
9	3月2日	A002			42	0		D001	マジカルペン	160

·········XLOOKUP関数を使って「単価」を取り出したい

えーと、[戻り範囲]に[単価]列のセル範囲を指定して、
セルD2に以下のような数式を入力します。

セルD2の数式 =XLOOKUP($B2,$H$1:$H$11,$J$1:$J$11)

そう思いますよね?
実は、もっと簡単に取り出すことができるんです!
XLOOKUPちゃんが対応している「スピル」の機能がスゴいですよ。

説明しよう! **スピルとは?**

数式の結果が複数の場合、隣接するセルに結果をまとめて返すのが「スピル」の機能だ。スピル(spill)とは、直訳で「こぼれる」「あふれる」の意味。今回の例では、XLOOKUP関数の結果として、商品名と単価が「こぼれる」ように表示されるわけだ。また、スピルの結果は「動的配列」または「ゴースト」と呼ばれる。実体はないので直接編集できないことを覚えておこう。なお、スピルの結果が表示されるセルにデータがあると、エラー値(P.35参照)が表示される。

[戻り範囲]に連続する複数列を指定してみたまえ。
君たちが必要とする値をまとめて取り出してご覧に入れよう。
数式を入力するのは[戻り範囲]の左端を表示させるセルだ。
ゆめゆめお間違いなきよう……

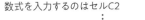

セルC2の数式　=XLOOKUP($B2,$H$1:$H$11,$I$1:$J$11)

数式を入力するのはセルC2　　　　　　　　　　　　　　　[戻り範囲]に必要なセル範囲を指定する

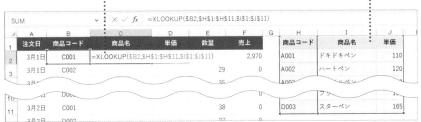

[戻り範囲]に指定した列分の
データを取り出せる

ひとつの数式を入力するだけで、
隣接する値をまとめて取り出せるのだよ。

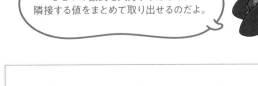

この強力なスピル……乗るしかないですね。

スピルによって取り出された値は「ゴースト」と呼ばれます。
スピルの結果が表示されるセルを選択すると、起点となるセルC2と
同じ数式がグレーで表示されます。
このセルは編集できないので注意しましょう。

スピルで取り出したセルの
数式はグレーで表示され、
編集できない

Episode 29 表が欲しい、今すぐ欲しい

周囲から「仕事が正確だ」という評価を得られはじめたキュウは、販売促進チームへの協力を依頼された。まずは現状を把握しようと、商品の納入先のデータを整理するのだが、並べ替えや絞り込みに手間取ってしまい……

元の表が壊れてしまった

シノさん、大問題発生です！
並べ替えやフィルターでの絞り込みをしていたら、
表の元の状態が分からなくなってしまいました……

並べ替えは便利ですけど、元の状態を見失うことがよくありますね。
ファイルのバックアップは残っていませんか？

ありますけど、これまでの作業が水の泡です……

説明しよう！ 並べ替え範囲に要注意

並べ替えはエクセルの基本的な操作だが油断は大敵だ。選択範囲を間違えたり、フィルターボタンを設定し忘れたりした状態で並べ替えをしてしまうと、行ごとのデータがバラバラになって表が崩れてしまう。ファイルやワークシートをバックアップしていなければ、致命的なミスとなる。ここで紹介する関数は、元の表を壊してしまう心配もなくオススメのテクニックだ。

D列にフィルターボタンが
設定されていない

このまま並べ替えてしまうと、
致命的なミスにつながる

SORT関数とSORTBY関数を使って、
並べ替えの結果をまとめてゲットしちゃいましょう!
関数を利用しているので、元の表はそのままの状態で残ります。

説明しよう! **SORT関数の構文**

=SORT (ソート) (範囲, 基準, 順序, データの並び)

[範囲] を [基準] の列または行の順に並べ替える。[順序] は「1」または省略で昇順、「-1」で降順となる。データの方向を指定する [データの並び] は「TRUE」で横(右)方向、「FALSE」または省略で縦(下)方向となる。結果はスピルで表示される。Excel 2021とMicrosoft 365のExcelで利用可能。

スピルの話が出てきた手前、私が解説せざるを得まい。
SORT関数の結果はスピルで表示されるため、
数式の入力は1回で済むのだよ。
ここで引数[順序]に指定した「4」は、4列目という意味だな。

セルF2の数式 **=SORT(A2:D7,4)**

[販売価格]列(4列目)を
基準に昇順で並べ替えた

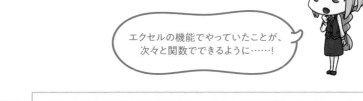

> エクセルの機能でやっていたことが、
> 次々と関数でできるように……!

スピルの結果が表示される見出しは、あらかじめ用意しておきましょう。
[順序]を省略すると昇順(小さい順)となります。
縦方向に並べ替えるときは[データの並び]を省略して構いません。

エクセルの「並べ替え」の機能は基準の列を複数指定できますが、SORT関数でも同じように指定できますか?

 SORT関数をネストする手がありますけど、SORTBY関数のほうが分かりやすいです。基準列はセル範囲で指定します。1列だけ指定しても構いません。

説明しよう! SORTBY関数の構文

ソート・バイ
=**SORTBY** (範囲, 基準1, 順序1, 基準2, 順序2, …, 基準126, 順序126)

[範囲]を[基準]の列で並べ替える。[順序]は「1」で昇順、「-1」で降順となる。結果はスピルで表示される。先に記述した[基準]と[順序]が優先される。Excel 2021とMicrosoft 365のExcelで利用可能。

セルF2の数式 =SORTBY(A2:D7,D2:D7,-1,C2:C7, 1)

F2			✓ : × ✓ fx	=SORTBY(A2:D7,D2:D7,-1,C2:C7,1)				
▲	A	B	C	D	E	F	G	H	I

	No.	社名	在庫数	販売価格		No.	社名	在庫数	販売価格
2	1	文具の部屋	86	210		4	筆の森	59	210
3	2	紙の世界	92	199		3	万年筆屋	63	210
4	3	万年筆屋	63	210		1	文具の部屋	86	210
5	4	筆の森	59	210		6	文字の館	12	208
6	5	墨の谷	32	205		5	墨の谷	32	205
7	6	文字の館	12	208		2	紙の世界	92	199
8									

[販売価格]列を降順、[在庫数]列を昇順で並べ替えた

 [範囲]と[基準]の高さを揃えないと[#VALUE!]エラーになります。また、スピルの結果が表示されるセルにデータが入力されていると[#SPILL!]エラーになります。

説明しよう! 文字列は「文字コード順」に並べ替えられる

SORT / SORTBY関数では、[順序]で昇順(1)、降順(-1)を指定できるが、[基準]の列の値が漢字の場合は注意が必要だ。また、SORT / SORTBY関数では、漢字の読み(ふりがな)ではなく、文字コードの順番で並べ替える。ふりがなの順で並べ替えたいときは、ふりがなの列を基準にするか、エクセルの「並べ替え」の機能を使おう。

エクセルの「並べ替え」の機能では、ふりがな順に並べ替える

SORT / SORTBY関数では、文字コード順に並べ替える

F2			✓ : × ✓ fx	=SORT(A2:D7,2)				
	A	B	C	D	E	F	G	H	I	J
1	N	社名	在庫数	販売価		No.	社名	在庫数	販売価格
2	2	紙の世界	92	199		2	紙の世界	92	199
3	5	墨の谷	32	205		4	筆の森	59	210
4	4	筆の森	59	210		1	文具の部屋	86	210
5	1	文具の部屋	86	210		6	文字の館	12	208
6	3	万年筆屋	63	210		5	墨の谷	32	205
7	6	文字の館	12	208		3	万年筆屋	63	210

SORTBY関数で基準が1列でも並べ替えできるなら、SORT関数の上位互換なんですか?

SORT関数には「横方向の並べ替え」という強力な武器があります。
HLOOKUP関数で近似一致するときなどは便利に使えますね。
並べ替えの基準とする行を[基準]に指定します。
最後の引数[データの並び]に「TRUE」を忘れないようにしてくださいね。

セルH1の数式 =SORT(**B1:E6,6,-1**,TRUE)

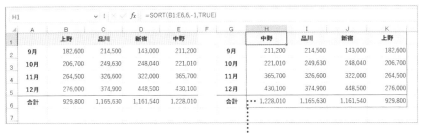

H1			✓ : ✓ fx	=SORT(B1:E6,6,-1,TRUE)					
	A	B	C	D	E	F	G	H	I	J	K
1		上野	品川	新宿	中野			中野	品川	新宿	上野
2	9月	182,600	214,500	143,000	211,200		9月	211,200	214,500	143,000	182,600
3	10月	206,700	249,630	248,040	221,010		10月	221,010	249,630	248,040	206,700
4	11月	264,500	326,600	322,000	365,700		11月	365,700	326,600	322,000	264,500
5	12月	276,000	374,900	448,500	430,100		12月	430,100	374,900	448,500	276,000
6	合計	929,800	1,165,630	1,161,540	1,228,010		合計	1,228,010	1,165,630	1,161,540	929,800
7											

[合計]行(6行目)を降順で並べ替えた

Sheet6

ターゲット、ロックオン!

207

ソート か～ら～の～？

 絞り込みができるFILTER関数の使い方も紹介します。
SORT関数やSORTBY関数と同じように、見出しは用意しておきましょう。

 エクセルの「フィルター」機能を使わずに、
絞り込みができるんですか！？

説明しよう！ **FILTER関数の構文**

フィルター
=FILTER (範囲, 条件, 一致しない場合の値)

[範囲]から[条件]に一致する行を取り出す。結果はスピルで表示される。[一致しない場合の値](省略可)には、条件に一致する値がないときの値を指定する。「AかつB」のAND条件を指定するときは、条件を「*」でつなぐ。「AまたはB」のOR条件を指定するときは「+」で条件をつなぐ。Excel 2021、Microsoft 365のExcelで利用可能。

セルF2の数式
=FILTER(**A2:D7,C2:C7="田中"**,"該当なし")

3つめの引数[一致しない場合の値]は
省略しても構わない

担当者が「田中」の行を取り出せた …

元の表を残したまま、絞り込んだ別の表を取得できる。
しかも、たった1つの数式を書くだけで、だ。
まさにスピルの真骨頂だと思わんかね？

208

FILTER関数では、複数条件を指定することも可能です。
「かつ」のAND条件は、条件を「()」で囲んで「*」でつなぎます。
比較演算子を使って数値の範囲の条件指定もできます。

セルF2の数式 =FILTER(A2:D7,(C2:C7="田中")*(D2:D7>130),"該当なし")

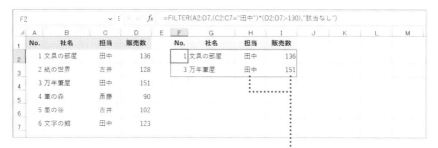

担当者が「田中」かつ、販売数が「130」より大きい行を取り出せた

「または」のOR条件は、
条件を「()」で囲んで「+」でつなぎます。

セルF2の数式 =FILTER(A2:D7,(C2:C7="田中")+(C2:C7="斎藤"),"該当なし")

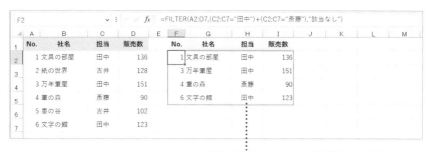

担当者が「田中」もしくは「齋藤」の行を取り出せた

説明しよう！ ## 比較演算子は共通

等しい（=）、以上（>=）、以下（<=）などの比較演算子（P.105参照）は、IF関数などで利
用するものと共通だ。また、条件として文字列を指定するときは「"」で囲むことを
忘れないようにしよう。

フィルターで絞り込んでから並べ替える操作をすることが多いのですが、関数の場合は、やはりネストですか?

その通りです。
FILTER関数とSORT関数のネストが実践的です!

セルF2の数式 =SORT(**FILTER**(A2:D7,C2:C7="田中","該当なし"),4,-1)

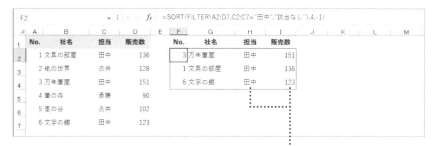

担当者が「田中」の行を取り出して、
販売数を降順で並べ替えた

説明しよう! スピル範囲演算子とは?

ここではSORT関数にFILTER関数をネストしたが、別のセルにSORT関数を入力して、FILTER関数の結果を参照してもよい。その際、スピルで表示されたFILTER関数の結果のセル範囲を引数に指定すると、セル範囲の表示が「F2#」のように切り替わる。「#」はスピル範囲演算子と呼ばれる、スピルの結果を示す記号だ。「F2#」はセルF2に入力された数式の結果、スピルで表示されたセル範囲という意味になる。

「F2#」はセルF2の数式の結果、スピルで表示されたセル範囲を意味する

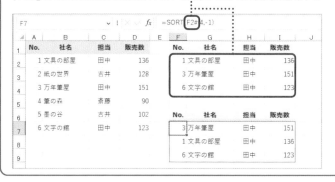

ダブリを取り除け!

SORT / SORTBY / FILTER関数とあわせて、
重複を取り除くUNIQUE関数も覚えておきましょう。
1列だけでなく、複数列の重複を取り除くこともできます。

説明しよう! ## UNIQUE関数の構文

ユ ニ ー ク
=UNIQUE（範囲, 検索方向, 回数）

[範囲]の重複するデータを1つにまとめる。[検索方向]は「TRUE」で横（右）方向、
「FALSE」または省略で縦（下）方向となる。結果はスピルで表示される。重複して
いない値（1回のみ出現する値）を取り出すときは[回数]に「TRUE」、重複データを除く
一意の値を取り出すときは「FALSE」を指定する。省略した場合は「FALSE」とみな
される。Excel 2021とMicrosoft 365のExcelで利用可能。

セルF2の数式
=UNIQUE(B2:C8)

「社名」と「担当」の組み
合わせで、重複する「紙の
世界」と「吉井」の組み合
わせを取り除いた

重複の削除まで、たった1つの数式でできてしまうんですね。
新しい関数に、古い機能は駆逐されてしまうのでしょうか……
世界は残酷ですね……

古いものが新しいものに置き換えられても、
キュウさんが悩みを打開しようと勉強して得た知識は
決して無駄にはなりませんよ。
私が保証しますから、恐れることなく知識を増やしてください。

知識は平行線ではなく交わるものだ、そして掛け合わせるものだ。
それでは、さらばだ諸君。また会う日まで!

シノさんのピンポイント解説！

> 重複しない一意の値を取り出せるUNIQUE関数を使った、応用テクニックを2つ紹介しましょう。範囲内に1回しか出現しない値を取り出したり、値の出現回数を確認したりできます。

1回しか出現しない値を取り出す

UNIQUE関数の3つめの引数［回数］を利用すると、セル範囲に1回しか出現しないレアな値も取り出せます。この例の表は縦方向なので［検索方向］は「FALSE」、［回数］に「TRUE」と指定します。

> **セルF2の数式** =UNIQUE(**C2:C8,FALSE,TRUE**)

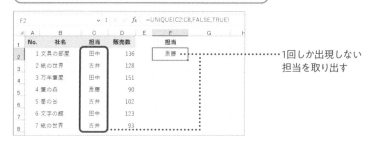

・・・・1回しか出現しない
担当を取り出す

出現回数を確認する

UNIQUE関数で取り出した一意の値を参照して、元の表にある値をCOUNTIF関数で数えます。スピル範囲演算子を利用すると、COUNTIF関数の結果もスピルで表示されます。スピル範囲演算子を利用しない場合は、「=COUNTIF($C$2:$C$8,F2)」のように絶対参照を利用した数式を利用します。

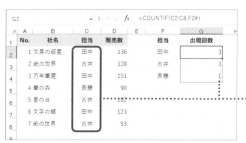

> **セルF2の数式**
> =UNIQUE(**C2:C8**)
> **セルG2の数式**
> =COUNTIF(**C2:C8,F2#**)

・・・元の表の出現回数を数える

スピル範囲演算子(#)を利用した
数式の結果もスピルで表示される

7

関数
ア・ラ・カルト

関数ちゃんの力は
これまでに挙げた内容に
とどまりません！
もっともっと、余すところなく
機能を引き出しましょう～！！

Episode 30

シートすべて SUMっと串刺しだ!

今回キュウが受け取ったのは、部門別に経費が入力された同じフォーマットの
シートが、月別に何枚も並んでいるエクセルファイル。それぞれに集計の数式を
書くのは大変な作業だが、実は簡単に指定する書き方があるのだ。

今宵のSUMちゃんはひと味違うぞ

諸経費の集計作業って、ワークシートを切り替えて足すの繰り返し……
まるでSUMちゃんと出会う前の苦行のようだなぁ。

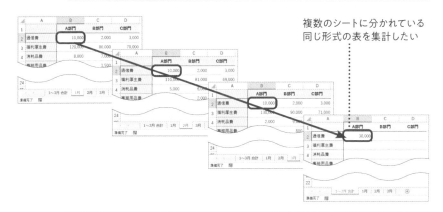

複数のシートに分かれている
同じ形式の表を集計したい

……あまり聞き慣れないかもしれないけど、
こういう集計は「串刺し計算」や「3D集計」と呼ばれます。
同一の様式という前提で、SUMちゃんが簡単に計算してくれます!

同じフォーマットで作られた複数のシートの集計、大変ですよね!
でも私、複数のワークシートをまたいで合計することもできるんですよ。
ちょっと見ていてください!

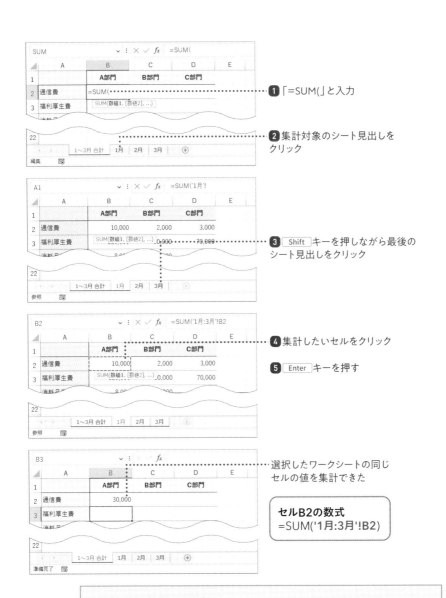

1 「=SUM(」と入力

2 集計対象のシート見出しを
クリック

3 Shift キーを押しながら最後の
シート見出しをクリック

4 集計したいセルをクリック

5 Enter キーを押す

選択したワークシートの同じ
セルの値を集計できた

セルB2の数式
=SUM('1月:3月'!B2)

できました! 完成した数式は
『「1月」~「3月」の間にあるシートの、セルB2に入った数値の合計』
という意味です。ちゃんと複数シートの合計になっていますよね。
引数を入力しながらのシート切り替えがちょっと難しいので注意です。

でも、ワークシートを切り替えながら「+」を入力するより、断然ラクです!
シートの増減があっても対応がしやすそうですね。
「同一の様式」のルールを守って、今度から絶対使います!

Episode 31

ズレNG。
一気通貫、連番術

設備の購入を検討する会議資料に連番を振ってほしいと依頼されたキュウ。この連番は、会議中に表のどの項目の話をしているのかの認識一致のために重要だが、それだけにミスが許されない。シノが教える解決法とは?

連番は続くよどこまでも

シノさん、行の連番を正確に振りたいんですけど、
行の追加や削除がちょくちょくあるので、毎回直すのがたいへんで……
振り間違えも怖いですし、関数で解決する方法はありますか?

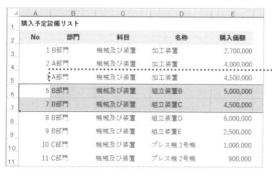

行を追加・削除しても連番が
ずれないようにしたい

いい着眼点ですね、キュウさん!
正確さが求められる作業を関数で解決しようとする姿勢は大切です。
連番なら、ROW関数を使うのが定番ですよ。

ロウ? RAW? 生?

216

ROW関数の構文

=ROW (参照)
ロ ウ

[参照]で指定したセルの行番号を求める。セル範囲を指定した場合は、先頭行の行番号が返される。[参照]を省略した場合は、そのROW関数が入力されているセルの行番号が返される。

RAW（生）じゃなくてROW（行）ね。[#NAME?]エラーになっちゃいますよ？
引数を省略して「=ROW()」と入力すると、そのセルの行番号が返されます。
ここでは、表タイトルと見出しを除いた3行目を「1」としたいので「-2」します。

❶「=ROW()-2」と入力

❷フィルハンドルを
ダブルクリック

セルA3の数式
=ROW()-2

数式がコピーされて
連番が振られた

へぇ～ずいぶん簡単な数式ですね。
でも、見た目は関数を使わない場合と変わりませんけど……？

いえいえ、ここからが違うんですよ。
行を削除してみるから、見ていてくださいね？

① 削除する行を選択して
　行番号を右クリック

② [削除]をクリック

連番が振り直された

おお〜っ！ 行を削除したのに、連番が維持されています！
数式は同じなのに、得られる数値は違う……何だか変な感じです。

便利でしょう？
でも、非表示のセルにも連番が振られるので、
表示セルだけを見ると連番が飛ぶことがあるので注意してくださいね。

説明しよう！ 　**列番号はCOLUMN関数で取得可能**

列番号を求めるには、COLUMN関数を使う。ROW関数と同様に引数 [参照] を省略するとCOLUMN関数が入力されているセルの列番号を求められる。

=**COLUMN** (参照)
（カ　ラ　ム）

連番を錬成する関数・SEQUENCE

実は、連番作成に特化しているSEQUENCE関数もあります。
縦(下)方向に連番を振るときは、[列数][開始値][増分]を省略して
「何行分」を指定するだけです!

A3			✓ :	f_x =SEQUENCE(15)	
	A	B	C	D	E
1	購入予定設備リスト				
2	No	部門	科目	名称	購入価額
3	1	B部門	機械及び装置	加工装置	2,700,000
4	2	A部門	機械及び装置	加工装置	4,000,000
5	3	A部門	機械及び装置	加工装置	4,500,000
6	4	A部門	機械及び装置	加工装置改造	1,000,000
7	5	B部門	機械及び装置	組立装置A	6,000,000
8	6	B部門	機械及び装置	組立装置B	5,000,000
9	7	B部門	機械及び装置	組立装置C	4,500,000
10	8	B部門	機械及び装置	組立装置D	6,000,000
11	9	B部門	機械及び装置	組立装置E	2,500,000
12	10	C部門	機械及び装置	プレス機 1号機	1,000,000
13	11	C部門	機械及び装置	プレス機 2号機	900,000
14	12	A部門	機械及び装置	溶接機	3,100,000
15	13	B部門	器具及び備品	センサー	750,000
16	14	A部門	車両運搬具	フォークリフト	1,000,000
17	15	B部門	車両運搬具	フォークリフト	1,050,000

[行数]分の連番を作成できる

セルA3の数式
=SEQUENCE(**15**)

こ、これは……
何か新しい力を
手にしたようです!

スピル機能で連番が振られています!
入力するセルが何行目なのか考える必要もないですし、簡単ですね!!

例えば「="A-"&SEQUENCE(100)」と指定すると、
「A-1」〜「A-100」のような連番を振ることもできます。
新しいバージョンのエクセルでしか使えない点には気を付けてくださいね。

説明しよう! **SEQUENCE関数の構文**

=**SEQUENCE** (行数, 列数, 開始値, 増分)
シ ー ケ ン ス

[開始値]から[増分]ずつ増える[行数]×[列数]の配列を作成する。省略した引数
は「1」とみなされる。Excel 2021、Microsoft 365のExcelで利用可能。

セルの表示形式

Episode
32

「001」から
はじめよう

決められた桁数でゼロ埋めした数字を入力したいのに、勝手に「1」になってしまって困った経験はないだろうか？ 簡単そうなのにできなくて、もどかしい思いをしがちだが、セルの表示形式ですばやく処理したいところだ。

「0」が消える謎

 シノさん、ゼロ埋めした3桁の数値を入力したいんですが、
セルに「001」と入力すると「1」になってしまって……
表示形式を[文字列]にすると大丈夫なんですが、気になります。

 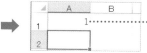 「001」と入力すると、「1」になってしまう

 「001」は数値の「1」だと判断されるからですね。
先頭に「'」（シングルクォーテーション）を入力して、
続けて「001」と入力する方法でも、文字列として「001」を表示できます。

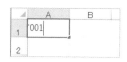 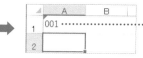 先頭に「'」を入力して「001」と続けると「001」と表示できる

 ただ、「1」という数値のまま、
見た目だけを「001」にする方法も覚えておくといいでしょう。
次のようにセルの表示形式で[ユーザー定義]を設定します。
入力済みの「1」や「10」も「001」「010」のように表示を変更できますよ。

❶ Ctrl + 1 キーを押す

❷ [ユーザー定義] をクリック

❸ 「000」と入力

❹ [OK] をクリック

数値の「1」のまま
「001」と表示できた

「000」は3桁の数字を意味する書式です。
「00」は2桁、「0000」なら4桁で表示できますよ。
書式記号を使って日付の表示を切り替えるのと同じようなものです。

説明しよう！ セルに表示される緑色のマークの意味

「'」（シングルクォーテーション）に続けて「001」のように入力すると、「001」は文字列として認識される。入力後にセルの左上に表示される緑色のマークが気になる人もいるだろう。これは「エラーインジケーター」という。「本当に文字列でいいのか?」というエクセルからの注意喚起だ。無視しても構わないが、気になるなら [エラーチェックオプション] から非表示にできる。

❶ エラーインジケーターが表示された
セルを選択

❷ [エラーチェックオプション] をクリック

❸ [エラーを無視する] をクリック

何度でも何度でも
何度でも

お客さまアンケートに基づいて、商品の評価をまとめた資料を作成することになったキュウ。5段階評価を数値で表示しただけでは、いまひとつインパクトに欠けると感じているようだ。REPT関数を使って工夫してみよう。

リピート発動

アンケートの結果をまとめたけど、うーん……
間違ってはいないんだけどな〜。
何も伝わってこなさすぎて、自分でもビックリしますよ……

	A	B	C	D	E	F
1	名称					
2	ドキドキペン	3				
3	ハートペン	4				
4	スマイルペン	2				
5	トロピカルペン	4				
6	スイートペン	5				
7	ヒーリングペン	2				

アンケートの結果を
まとめた

（……何か悩んでいるようね）
キュウさん、どうしたの？ 関数ちゃんが思い出せないの？

あ、シノさん。アンケートの結果をまとめているのですが、
これじゃあ資料としてインパクトに欠けるというか、何というか……
どうしたらいいですかね？ これ。

確かに残念な状態ね……グラフ化することは考えた？

棒グラフも作ってみましたけど、複雑なデータではありませんし、
かえって地味な感じになっちゃって……

同じ文字を繰り返し表示できるREPT関数を使ってみたらどう？
数値を視覚的に表現したいときに使われることが多くて……
ほら、占いなどでよくある「★」や「♡」を並べる表現ができますよ。

セルC2の数式 ＝REPT("★",B2)

……REPT関数を利用すると、
数値から簡易的なグラフを
作成できる

「★」の代わりに「■」や「●」を
指定するのもいいですね！

こういうグラフ見たことあります！
手作業で更新しているならたいへんだな～、って思っていましたが、
関数で作れるんですね。

手入力みたいなのに、手入力じゃなかったんです！
[繰り返し回数]の小数点以下は切り捨てられて、
例えば「3.5」なら「★」が3つ表示されます。
小数点以下の処理を変更したいときはROUND三姉妹に頼りましょうね。

説明しよう！ **REPT関数の構文**

リピート
＝**REPT** (文字列, 繰り返し回数)

[文字列] を [繰り返し回数] だけ繰り返し表示する。結果は文字列として返される。
[繰り返し回数] に「0」を指定すると「""」(空白の文字)が返される。

Episode 34

まとめて掛け算、しておいて

キュウは海外から仕入れる原料の購入記録を作成している。単価、数量、為替レートを掛け算して仕入額を求めなくてはならないが、このような「積の集まり」の計算では、PRODUCT関数とSUMPRODUCT関数が威力を発揮する。

アレとソレとコレを掛ける

単価 × 数量 × 為替レートだけじゃないときもあるんだよな～。
クリックして「*」を入力するのは手間だし、間違えそう……
足し算や平均ができるのだから、掛け算できる関数もあるよね、絶対？

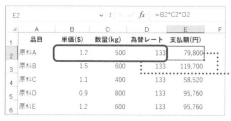

セルE2の数式 =B2*C2*D2

複数のセルを掛け算したい

	A	B	C	D	E	F
1	品目	単価($)	数量(kg)	為替レート	支払額(円)	
2	原料A	1.2	500	133	79,800	
3	原料B	1.5	600	133	119,700	
4	原料C	1.1	400	133	58,520	
5	原料D	0.9	800	133	95,760	
6	原料E	1.2	600	133	95,760	

ありますよ！ PRODUCT関数です。
指定したセル範囲の数値を掛け算できます。
「*」とPRODUCT関数は、「+」とSUM関数の関係に似ていますね。

説明しよう！ PRODUCT関数の構文

プロダクト
=PRODUCT (数値1, 数値2, …, 数値255)

引数 [数値] をすべて掛けあわせた値を求める。セル範囲を指定することもできる。

お〜っ！やっぱりありましたか！
掛け合わせるセルの数が多いときにもってこいですね！

	A	B	C	D	E	F
1	品目	単価($)	数量(kg)	為替レート	支払額(円)	
2	原料A	1.2	500	133	79,800	
3	原料B	1.5	600	133	119,700	
4	原料C	1.1	400	133	58,520	
5	原料D	0.9	800	133	95,760	
6	原料E	1.2	600	133	95,760	
7	原料F	1.3	500	133	86,450	
8	原料G	1.5	400	133	79,800	

E2　=PRODUCT(B2:D2)

セルE2の数式
=PRODUCT(**B2:D2**)

セル範囲を指定して
掛け算できる

説明しよう！　「*」演算子とPRODUCT関数の違い

「*」演算子を使った掛け算とPRODUCT関数では、セル範囲に文字列や空白のセルが含まれているときの動作が異なる。「*」演算子はセル範囲に文字列が含まれているとエラーになり、空白のセルは「0」として計算する。PRODUCT関数は文字列や空白のセルを「1」とみなして計算する。

足したい積

ではキュウさん、
その掛け算の結果を足し合わせたいときはどうしますか？

えっと、「PRODUCT」を「SUM」する感じですよね。
うーん……

おっ、いい線いってますね。
掛け算から足し算まで一気に処理できる、
SUMPRODUCTちゃんがいますよ！

どうも、SUMPRODUCTです。
どのセル範囲の積の和が知りたいのでしょうか？

Sheet7

関数ア・ラ・カルト

少々複雑な積の合計の計算でも
整理して求めることができます。
安心しておまかせください。

SUMPRODUCTちゃん

サ ム ・ プ ロ ダ ク ト

複数のセル範囲（配列）の同じ位置にある数値を掛けて
合計する。

配列（セル範囲）の1番目の数値同士の積、
2番目の数値同士の積……と順次計算した
結果の合計値をお返しします。

セルH2の数式
=SUMPRODUCT(B2:B10,C2:C10,D2:D10)

[配列] の1番目の数値の積、2番目の数値の積……
のように順次計算した結果を足し合わせる

SUMPRODUCTちゃんは、
実はSUMIF / SUMIFS、COUNTIF / COUNTIFSの代役も
できるんですよね……？

> **説明しよう!** ## SUMPRODUCT関数の構文

=SUMPRODUCT (配列1, 配列2, …, 配列255)

サム・プロダクト

複数の [配列] について、[配列] 内の位置が同じ数値同士を順次掛け合わせて合計する。行×列の大きさは同じにしておく。

なっ!?……なんの話でしょうか?
そうそう、複数のセル範囲を指定するときは Ctrl キーを押したまま
次々と選択すれば「,」(カンマ)を入力しなくて済むんですよ。楽でしょう?

❶ 1つめのセル範囲を
ドラッグして選択

❷ Ctrl キーを押したまま、
2つめのセル範囲をドラッグ

「,」が自動的に
入力される

	A	B	C	D	E	F	G	H	I	J
1	品名	単価($)	数量(kg)		為替レート	支払額(円)	支払合計 (SUM):	762,090		
2	原料A	1.2	500		133	79,800	支払合計 (SUMPRODUCT):	=SUMPRODUCT(B2:B10,C2:C10		
3	原料B	1.5	600		133	119,700				
4	原料C	1.1	400		133	58,520				
5	原料D	0.9	800		133	95,760				
6	原料E	1.2	600		133	95,760				
7	原料F	1.3	500		133	86,450				
8	原料G	1.5	400		133	79,800				
9	原料H	2.0	300		133	79,800				
10	原料I	1.0	500		133	66,500				

C2 = =SUMPRODUCT(B2:B10,C2:C10

代役って何のことですか……
SUMIFちゃんやCOUNTIFちゃんみたいにも使える?

しっ、指定するセル範囲の大きさは揃えてくださいね!
一致していないと計算できないので[#VALUE!]エラーになります……

(積の和の計算以外は触れられたくないのね……)
必要に迫られたり、興味が出てきたりしたら詳しく調べてみましょうね。

? よく分からないけど、
SUMPRODUCTちゃんがとっても優秀なんだということは分かりました!

Sheet7 関数ア・ラ・カルト

Episode
35

シャッフル、シャッフル♪

数日後に開催される業務改善活動の発表会。その発表順を決めることになった
キュウだが、発表者たちは日々の業務で忙しく、集まる時間はない。公平に順
番を決めるため、SHUFFLE関数（?）に頼ることにしたようだが……

席替えの時間です

> シノさん、なぜSHUFFLE関数はないのでしょう？
> 既存のリストをシャッフルして並べ替える作業って結構あると思うんですよ。
> 今の私がまさにそれ。手作業だと辛いのです……

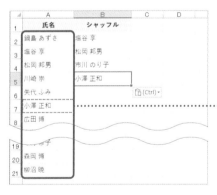

…… 既存のリストをシャッフルして
ランダムに並べ替えたい

> ……SHUFFLE関数は、ないですね……
> そういうときは「乱数」を発生させるRAND関数を使いましょう。

> シャッフルじゃなくて、ランダムでしたか～！？
> でも乱数？ シャッフルと何の関係が……

乱数は文字通り「乱れた数値」ですよね。
RAND関数で取得できる、それはもうバラバラに乱れまくりの数値が
シャッフルするためのカギになります。

説明しよう! **RAND関数の構文**

=RAND ()
ランダム

「0」以上「1」未満の実数(小数)の乱数を発生させる。引数は必要ない。関数名に
続けて「()」のみ入力する。セルの編集などでワークシートが再計算されるたびに、
新しい乱数が返される。

セルA1の数式 =RAND()

「0」以上「1」未満の
数値が表示される

適当な数値が出てきて何だかゾワゾワします……
しかも小数点以下の桁が大量に。

その感覚は正しいと思いますよ。
自分の意思とは関係ない数値がポンと表示されますからね。
発生した乱数を固定したいときは、値に変換しておきましょう(P.159参照)。

作業用の列にRAND関数を入力しておく

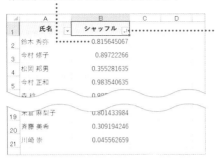

RAND関数を入力した列を昇順、
または降順で並べ替える

並べ替えをすると、RAND関数の
結果は切り替わる

シャッフルされました!
そうか、乱数を並べ替えの基準にしたから、ランダムということですね。

Sheet7 関数ア・ラ・カルト

次の幹事は誰だ?

 VLOOKUPちゃんとMAX関数をネストした数式と乱数を組み合わせて、ランダムに1人を選出することもできます。
RAND関数で発生させた乱数のリストを降順で並べ替えておき、いちばん上の人を取り出すイメージです。

 乱数は左端の列に入力しておくことを忘れないでくださいね。
私はMAX関数で求めた最大値を検索します。

セルE1の数式 =VLOOKUP(**MAX(A2:A21)**, A:B, 2, FALSE)

乱数の最大値を[検索値]
として任意の1人を選ぶ

数式を確定すると、RAND
関数の結果は切り替わる

ネストするのは
MIN関数でも
探せますよ。

 なるほど〜。
乱数って使う機会がないと思っていたけど、
実務で使えるテクニックもあるんですね!

説明しよう! ## 整数の乱数を発生させるRANDBETWEEN関数

整数の乱数が必要なときは、RANDBETWEEN関数を利用しよう。[最小値]以上、[最大値]以下の整数の乱数が発生する。RAND関数と同様に、ワークシートが再計算されるたびに新しい乱数が返される。

ランダム・ビトウィーン
=RANDBETWEEN (最小値, 最大値)

シノさんのピンポイント解説！

新しいバージョンのエクセルに限定されますが、SORTBY関数とRANDARRAY関数を組み合わせて、シャッフルすることもできます。RAND関数を利用する方法とは異なり、作業列が不要な処理です。

RANDARRAY関数の結果を基準に並べ替える

SORTBY関数（P.206参照）とRANDARRAY関数を組み合わせて、既存のリストをシャッフル可能です。SORTBY関数の引数 [基準] にRANDARRAY関数をネストします。結果はスピルで表示されます。

ランダム・アレイ
=RANDARRAY (行, 列, 最小, 最大, 整数)

[行]×[列] の配列で、[最小] 以上 [最大] 以下の乱数を返す。[行] [列] を省略すると、いずれも「1」とみなされる。[最小] は省略で「0」、[最大] は省略で「1」とみなされる。[整数] は「TRUE」で整数の乱数、「FALSE」または省略で、実数 (小数) の乱数を発生させる。

セルB2の数式　=SORTBY(A2:A21, RANDARRAY(20))

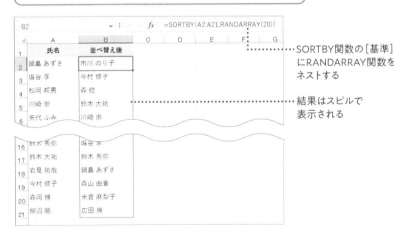

SORTBY関数の [基準] にRANDARRAY関数をネストする

結果はスピルで表示される

SORTBY関数の [基準] にRANDARRAY関数をネストします。上の例では20行×1列の乱数を発生させるため、「RANDARRAY(20)」としています。

Sheet7　関数ア・ラ・カルト

Episode 36

しっましまに してやんよ

会議での確認用に商品マスターの印刷を依頼されたが、「行はしましま」「罫線細め」「余白なし!」と、まるでラーメン店の注文のようである。キュウはそんな注文、ではなく指示に応えるべく、作業に取り組むが……

おまちどう! 行しましま一丁!

みなさん「しましま」好きですよね〜。見やすくなるのは確かですけど。
でも、行の挿入や削除のたびに修正させられる身にもなってよ!
行に背景色を塗って、オートフィルで書式のみコピーして……

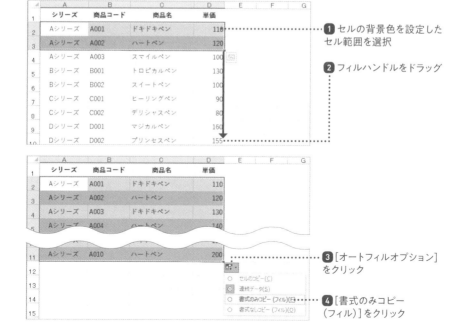

❶ セルの背景色を設定したセル範囲を選択

❷ フィルハンドルをドラッグ

❸ [オートフィルオプション]をクリック

❹ [書式のみコピー（フィル）]をクリック

更新がない表ならオートフィルオプションの操作は簡単だけど……
キュウさん、それいつも手作業だったんだ……？
MODちゃんをもっと早く紹介してあげればよかったですね。

 もしかして、半額シール待ちですか？ 遅くまでお疲れさまです。
2つの引数を割り算して、余りを調べますね！

余りものには福がある！ 割引がある！
お惣菜コーナーの売れ残りを
把握するのが得意です！

モ デ ュ ラ ス
MODちゃん

(特 技)
数値を除数で割ったときの余りを求める。

 MODちゃん、はじめまして。ん？ 余り……？
いえ、私が待っているのは売れ残りじゃなくて「しましま」です。

説明しよう！ **MOD関数の構文**

モ デ ュ ラ ス
=MOD (整数, 除数)

引数［数値］を［除数］で割ったときの余りを求める。

私は半額シール、欲しいですけどね。
MODちゃんは「条件付き書式」で活躍してもらいます。
キュウさん、条件付き書式には数式を指定できるって知ってましたか?

「上位10%なら」とか「セルの値と等しければ」といった
メニューなら使ったことがあるのですが……
関数ちゃんはこんなところにもいるんですね。

しましまにしたいセル
範囲を選択しておく　**1** [ホーム] タブをクリック　　　　**2** [条件付き書式] をクリック

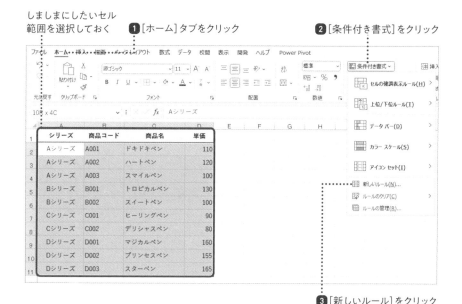

3 [新しいルール] をクリック

4 [数式を使用して、書式設定する
セルを決定] をクリック

条件に指定する数式
=MOD(ROW(),2)=1

5 条件の数式を入力

6 条件を満たすときの書式を設定

7 [OK] をクリック

234

条件付き書式では、指定した数式（論理式）が「TRUE」のときに
セルに書式が反映されます。そして、先ほど指定した数式では
ROW関数で求めた行番号（2,3,4,5……）を「2」で割ったときの余りを、
MODちゃんが「0」「1」「0」「1」……と返します。
「1」に等しいかどうかを判定すると「FALSE」「TRUE」「FALSE」「TRUE」……
という結果になり、以下のようにしましまになるというわけです。

	A	B	C	D	E
1	シリーズ	商品コード	商品名	単価	
2	Aシリーズ	A001	ドキドキペン	110	
3	Aシリーズ	A002	ハートペン	120	
4	Aシリーズ	A003	スマイルペン	100	
5	Bシリーズ	B001	トロピカルペン	130	
6	Bシリーズ	B002	スイートペン	100	
7	Cシリーズ	C001	ヒーリングペン	90	
8	Cシリーズ	C002	デリシャスペン	80	
9	Dシリーズ	D001	マジカルペン	160	
10	Dシリーズ	D002	プリンセスペン	155	
11	Dシリーズ	D003	スターペン	165	
12					

奇数行に背景色が設定されて、
しましまになった

「＝0」として判定すると
偶数行に書式が
反映されます。

「TRUE」と「FALSE」の結果が交互に返ってくるのが、
しましまの秘密なんですね！

行番号を処理しているので、行が挿入・削除されてもしましまは
崩れません。ただし、行を非表示にした場合は行番号が変わらないため、
しましまが崩れて見えるので注意してください。

ルールの修正

設定した条件付き書式を修正するときは、どうしたらいいでしょうか？

設定済みの条件付き書式は「ルール」と表示されるので、それを修正します。
条件付き書式のメニューから[ルールの管理]を選択しましょう。

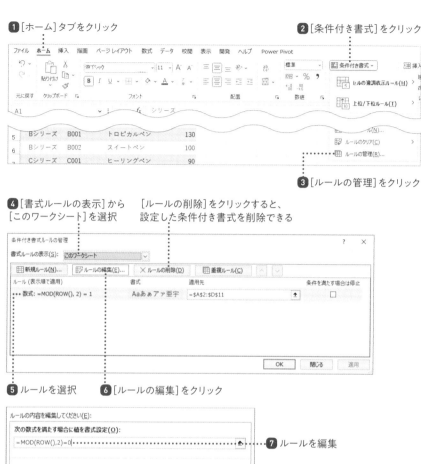

❶ [ホーム] タブをクリック

❷ [条件付き書式] をクリック

❸ [ルールの管理] をクリック

❹ [書式ルールの表示] から　[ルールの削除] をクリックすると、
[このワークシート] を選択　　設定した条件付き書式を削除できる

❺ ルールを選択　　**❻** [ルールの編集] をクリック

❼ ルールを編集

❽ [OK] をクリック

説明しよう！ **ルールが分からなくなったら？**

セルのコピーなどの操作によって、セルに設定した条件付き書式もコピーされる。また、同じセル範囲に複数のルールを設定した場合、正常に動作しないことがある。設定した覚えのないルールが表示されたときは、削除して再設定したほうが効率がいいことを覚えておこう。

セルのコピーなどにより、ルールもコピーされる

シノさんのピンポイント解説！

しましまのデザインを表に適用したいなら、「テーブル」の機能もおすすめです。行を追加・削除しても、しましまはずれません。新規に作成する表などでの利用を検討してみましょう。

表を「テーブル」に変換する

表を「テーブル」に変換することで、しましまのデザインを簡単に適用できます。フィルターボタンが追加されたり、数式内でテーブル名を指定できたりと、さまざまなメリットがあります。

表内のセルを選択しておく　**1** [挿入]タブをクリック

2 [テーブル]をクリック

3 テーブルに変換するセル範囲を確認

4 [OK]をクリック

表がテーブルに変換されて、
しましまが設定された

	A	B	C	D	E	F
1	シリーズ	商品コード	商品名	単価		
2	Aシリーズ	A001	ドキドキペン	110		
3	Aシリーズ	A002	ハートペン	120		
4	Aシリーズ	A003	スマイルペン	100		
5	Bシリーズ	B001	トロピカルペン	130		
6	Bシリーズ	B002	スイートペン	100		
7	Cシリーズ	C001	ヒーリングペン	90		
8	Cシリーズ	C002	デリシャスペン	80		
9	Dシリーズ	D001	マジカルペン	160		
10	Dシリーズ	D002	プリンセスペン	155		
11	Dシリーズ	D003	スターペン	165		

設定も簡単で
便利そうです。
今度使ってみます。

Sheet7

関数ア・ラ・カルト

Episode 37

土日を塗るのがツライ

来るべき新入社員研修に備え、スケジュール表を作成しているキュウ。後輩たちにとって分かりやすい資料にするのは、先輩としての最初の責務だろう。また、今後もメンテナンスがしやすい作りにしておくに越したことはない。

エクセルを塗り替えなイカ？

スケジュール表を作成するのに、日付や曜日を簡単に入力できることを覚えたけど、土日に色付けする作業は楽できないのかなぁ？
祝日の設定し忘れも避けたいし。

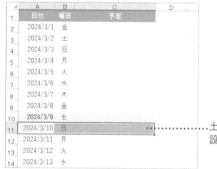

土日の書式を自動的に
設定したい

しましまを表に設定したのと同じような操作で、条件付き書式の条件にWEEKDAY関数を使えば、楽できちゃいますよ！

条件付き書式……ということは、
「TRUE」になる論理式を考えればいいってことですね！

WEEKDAY関数で曜日を判定する

WEEKDAY関数では、指定した日付の曜日に対応する数値が返される（P.96参照）。
［種類］を省略した場合は日曜日〜土曜日が「1〜7」となる。結果が「1」なら日曜
日、「7」なら土曜日と分かる。この結果を条件付き書式の論理式に利用する。

=WEEKDAY（シリアル値, 種類）
ウィークデイ

書式を設定するセル
範囲を選択しておく ❶［ホーム］タブをクリック ❷［条件付き書式］をクリック

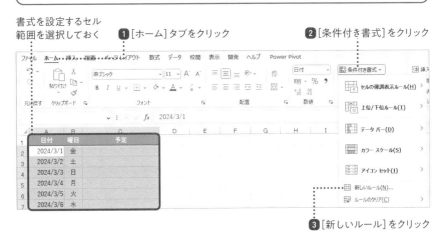

❸［新しいルール］をクリック

❹［数式を使用して、書式設定する
セルを決定］をクリック

条件に指定する数式
=WEEKDAY($A2) = 1

❺ 条件の数式を入力

❻ 条件を満たすときの書式を設定

❼［OK］をクリック

WEEKDAY関数にシリアル値のみを指定すると、日曜日は「1」が返されます。
上の例では条件を満たすときの書式を日曜日の色にしているので、
「1」のときに「TRUE」となる数式（論理式）を指定しました。
A〜C列（日付、曜日、予定）などの複数列に書式を設定したい場合は、
セル参照を「$A2」のように複合参照で指定してください。

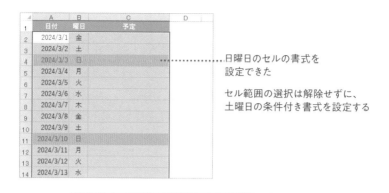

日曜日のセルの書式を
設定できた

セル範囲の選択は解除せずに、
土曜日の条件付き書式を設定する

土曜日も同様の手順で設定します。土曜日は「7」が返されます。
書式を土曜日の色にして、WEEKDAY関数の数式に「=7」を
指定しましょう。これで土日の塗り分けは完了です!

❶[新しい書式ルール]ダイアログボックスを再度表示

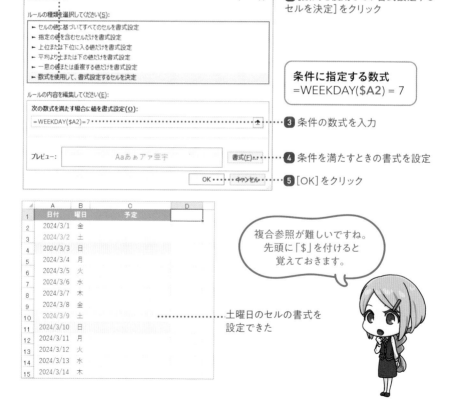

❷[数式を使用して、書式設定する
セルを決定]をクリック

条件に指定する数式
=WEEKDAY($A2) = 7

❸ 条件の数式を入力

❹ 条件を満たすときの書式を設定

❺[OK]をクリック

複合参照が難しいですね。
先頭に「$」を付けると
覚えておきます。

土曜日のセルの書式を
設定できた

土日は塗れた。祝日は?

土日に色が付いて、圧倒的に見やすく、カレンダーらしくなりました！
この調子で祝日の塗り分けもでき……ますよね？

休日の一覧を作成しておけばできますよ！
一覧には会社独自のイベントや休日を指定しておくこともできます。
論理式では、COUNTIFちゃんが返す値を判定します。

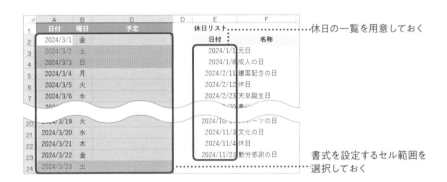

……休日の一覧を用意しておく

……書式を設定するセル範囲を選択しておく

休日の一覧の日付が、スケジュール表にあるかを数えればいいのよね。
もしあれば「1」を返すから、条件付き書式の数式には「=1」を指定して。
論理式の結果が「TRUE」になれば、祝日の書式が適用されるわ。

❶ [新しい書式ルール] ダイアログ
ボックスを再度表示

> **条件に指定する数式**
> =COUNTIF($E$3:$E$23,$A2)=1

新しい書式ルール

ルールの種類を選択してください(S):
- ► セルの値に基づいてすべてのセルを書式設定
- ► 指定の値を含むセルだけを書式設定
- ► 上位または下位に入る値だけを書式設定
- ► 平均より上または下の値だけを書式設定
- ► 一意の値または重複する値だけを書式設定
- ► 数式を使用して、書式設定するセルを決定

❷ [数式を使用して、書式設定する
セルを決定] をクリック

ルールの内容を編集してください(E):

次の数式を満たす場合に値を書式設定(O):

=COUNTIF($E$3:$E$23,$A2)=1 ……………… ❸ 条件の数式を入力

プレビュー:　　Aaあぁアァ亜宇　　　　書式(F)... …… ❹ 条件を満たすときの書式を設定

OK ···· キャンセル ···· ❺ [OK] をクリック

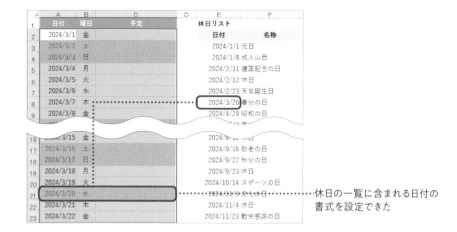

················· 休日の一覧に含まれる日付の
書式を設定できた

条件付き書式いろいろ

関数を利用した「ルール」は、ほかにもバリエーションが考えられます。
例えば、本日の日付を返すTODAY関数で、今日の日付を目立たせることも!

今日の日付を強調できる

条件に指定する数式　=TODAY()=$A2

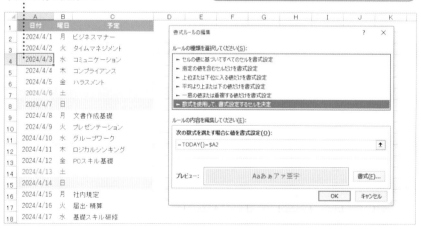

今日の日付をカレンダーで確認しなくて済みますね!

AND関数やOR関数を使うと、より複雑なルールも設定できます。
例えば、スケジュールに予定が入っているのに備考が空白である場合、
入力漏れを警告するといったルールも設定できます。

条件に指定する数式 =AND($C2<>"",$D2="")

予定が入力されていて、備考が空欄の場合に強調する

便利なスケジュール表ができました!
これで新入社員を迎える準備は万端です!!

おつかれさま! 次はキュウさんが後輩を助けてあげる番ですね。
きっと頼もしい姿を見せてくれると信じています。
論理式「キュウさんは良い先輩になる」は「TRUE」で間違いなしです!

説明しよう! **あらかじめ用意された「ルール」**

エクセルには、あらかじめ用意されたルールもある。指定した数値や平均値を基準とした大小の比較、上位○%などの強調ができるほか、重複のチェック、特定の文字列が含まれているかなどの判定が可能だ。設定したルールは[条件付き書式ルールの管理]ダイアログボックス(P.236参照)から編集・削除できる。

[条件付き書式]ボタンには、数値の大小比較、上位○%などのルールが用意されている

Sheet7 関数ア・ラ・カルト

キュウさん、お疲れさまですっ！
私たち、お役に立てましたか？

はい！ それはもう！

私ら関数ちゃんを頼れば楽だし、何より正確だからな。

エクセルの中にこんなに頼りになる味方がいたなんて……！
今ならどんな作業も効率よくこなせる気がします！

じゃあ、エクセル使う仕事はどんどんおまかせで大丈夫ですね。

ちがう、そうじゃない！

困ったら何度でも戻ってきて、読み返せばいいのです。

自分の業務に関連するものはモチベーションが上がりますし、
何度も手を動かすので自然と覚えられますよ。

もし「業務に関連する」が「TRUE」なら優先して覚える。
そうでなければ頭の片隅にとどめておくのがよかろう……です。

覚えなくていい……とはならないんですね。
私の「ぼうけんのしょ」は、とても消えやすいんです。

この本がキュウさんの「ぼうけんのしょ」みたいですけどね。
紹介した関数はきっとよく目にするので、
おおまかな機能は押さえておきたいところです。

私なんて便利すぎて、忘れたくても忘れられないはずよ!

最初は難しいイメージを持っていても、使ってみると便利で、
何度も使っているうちに簡単に思えてくる……
私やお姉ちゃんのような関数が、そんな感じかな。

ほかの人が作ったエクセルファイルに、
見たことのある関数ちゃんがいないか探してみるのもおすすめです!
セルにいなくても、条件付き書式に隠れているかもしれませんよ?

関数ちゃんの顔は覚えたから、あとは手を動かすだけですね。

ただのアルファベットだったのが、今ではみんなの姿が思い浮かびます!
まずは「=」を入力して……

知名度ナンバーワン、関数界のアイドル ⊠

SUM ちゃん
（サム）

特 技	数値を合計する
好きなもの	オートSUM
嫌いなもの	なし（SUBTOTALとは共演NG）

難しいことはできないですけど、
一生懸命、足し算がんばります!

風紀の乱れを見つける風紀委員 ⊠

ISERROR ちゃん
（イズ・エラー）

特 技	エラー値かどうかを調べる
好きなもの	エラーを見つけること
嫌いなもの	指示を出すこと

あっ、たいへんです! あそこの式がエラーです!
見てください。エラーですよ!

エクセルの風紀を守る風紀委員長 ⊠

IFERROR ちゃん
（イフ・エラー）

特 技	エラー値の場合に指定した値を返す
好きなもの	感謝されること
嫌いなもの	エラーが出ない間違い

エラーは私が人目につかないように
対処いたしますので、ご安心を。

リング上の熱血パワーファイター ⊠

COUNTA ちゃん
（カウント・エー）

特 技	セル範囲のデータを数える
好きなもの	値なら何でも
嫌いなもの	空白のセル

カウントさせてくれ! リングはどこだ?

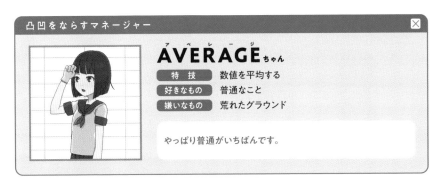

凸凹をならすマネージャー ✕

AVERAGEちゃん

特 技	数値を平均する
好きなもの	普通なこと
嫌いなもの	荒れたグラウンド

やっぱり普通がいちばんです。

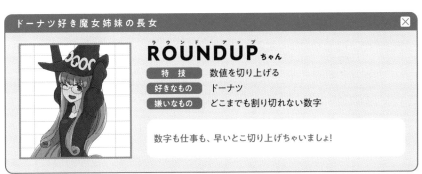

ドーナツ好き魔女姉妹の長女 ✕

ROUNDUPちゃん

特 技	数値を切り上げる
好きなもの	ドーナツ
嫌いなもの	どこまでも割り切れない数字

数字も仕事も、早いとこ切り上げちゃいましょ!

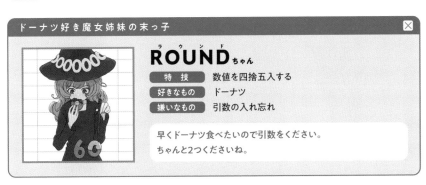

ドーナツ好き魔女姉妹の末っ子 ✕

ROUNDちゃん

特 技	数値を四捨五入する
好きなもの	ドーナツ
嫌いなもの	引数の入れ忘れ

早くドーナツ食べたいので引数をください。
ちゃんと2つくださいね。

ドーナツ好き魔女姉妹の次女 ✕

ROUNDDOWNちゃん

特 技	数値を切り捨てる
好きなもの	ドーナツ
嫌いなもの	キリが悪い数字

もったいない? でも綺麗になったでしょ!

YEAR_{ちゃん}

特　技	日付から「年」を取り出す
好きなもの	シリアル値
嫌いなもの	漢数字の日付

このシリアル値はヴィンテージものですね。
年代は……

MONTH_{ちゃん}

特　技	日付から「月」を取り出す
好きなもの	シリアル値
嫌いなもの	漢数字の日付

ねえねえ、ここのカフェ!
誕生月だとデザートプレゼントだって!

DAY_{ちゃん}

特　技	日付から「日」を取り出す
好きなもの	シリアル値
嫌いなもの	漢数字の日付

なんと! 今日は「5」が付く日ですよ!
お買い物に行きましょう!

DATE_{ちゃん}

特　技	数値を日付に変換する
好きなもの	ダイヤル式金庫
嫌いなもの	狭い列

大切なあの日のシリアル値、いつでも出せますよ。

日時を告げる不思議の国のウサギ ⊠

NOW<ruby>ナウ</ruby>ちゃん

特　技	現在の日時を表示する
好きなもの	シートの再計算
嫌いなもの	Ctrl + ; と Ctrl + :

お知らせします。ただいまの日時は……

運命の岐路に立つ忍 ⊠

IF<ruby>イフ</ruby>ちゃん

特　技	論理式の真偽を見極める
好きなもの	分身(多重ネスト)の術
嫌いなもの	間違った論理式

もし条件分岐が必要ならば、私を呼ぶがよい……です。

リング上の華麗なテクニシャン ⊠

COUNTIF<ruby>カウント・イフ</ruby>ちゃん

特　技	条件を満たすデータを数える
好きなもの	白星のカウント
嫌いなもの	黒星のカウント

ひとつだけ条件を言って、カウントしてあげるから。

集計の世界を変えるアイドル ⊠

SUMIF<ruby>サム・イフ</ruby>ちゃん

特　技	条件を満たすデータを合計する
好きなもの	集計作業
嫌いなもの	セル範囲のずれ

あなたのエクセル作業に革命起こしちゃいます!

文字列ぶった切り娘

LEFT（レフト）ちゃん

特技	文字列の左側から指定した文字数分を取り出す
好きなもの	長めの文字列
嫌いなもの	シリアル値から年を取る

待ってて! すぐに文字列を斬って持ってくるから。

右端から忍び寄るライトセイバーの使い手

RIGHT（ライト）ちゃん

特技	文字列の右側から指定した文字数分を取り出す
好きなもの	文字列なら何でも
嫌いなもの	シリアル値から日を取る

文字列を斬るので、ついて来てもらえませんか……?

文字列取り最強のクイーン

FIND（ファインド）ちゃん

特技	指定した文字列が何文字目にあるかを調べる
好きなもの	かるた
嫌いなもの	空札

そんなに文字列をにらんでいたら、目が悪くなりますよ。
私にまかせて、お茶でも飲んでいてくださいな。

実験大好きな未来のサイエンティスト

SUBSTITUTE（サブスティテュート）ちゃん

特技	文字列中の任意の文字を探して置換する
好きなもの	文字列の実験
嫌いなもの	ワイルドカード

次はどんな文字列を使って実験しようかな～?

文字をつなぐ星座大好き猫？ 狐？ 娘 ☒

CONCAT ちゃん

特技	指定した文字列やセル範囲を連結する
好きなもの	天体観測、単語カード
嫌いなもの	古いバージョンのエクセル

文字と文字をつなげて、ワタシだけの文字列つくるにゃ!

エクセルを駆ける凄腕名探偵 ☒

VLOOKUP ちゃん

特技	検索値に対応する値を取り出す
好きなもの	引数を覚えてくれた人
嫌いなもの	左のほう、#N/A

左のほうには何もないと思います。
真実は表の中にある!!

ニッチな依頼を請け負う名探偵の姉 ☒

HLOOKUP ちゃん

特技	検索値に対応する値を取り出す
好きなもの	横に伸びる表
嫌いなもの	上のほう、ソート

姉より優れた妹は存在します。
お仕事くださ～い。

大エクセル図書館の司書 ☒

INDEX ちゃん

特技	行番号と列番号が交差する位置の値を求める
好きなもの	整理された本棚
嫌いなもの	本棚の上に置かれた本

ご指定の本、今すぐお持ちしますね。

エクセル一番通りの名探偵

MATCHちゃん

特技	検索値の位置を求める
好きなもの	1列または1行のセル範囲
嫌いなもの	複数行×複数列のセル範囲

見つけた！こんな所にいたのね！

どこにでも忍び込む神出鬼没の大怪盗

XLOOKUPちゃん

特技	検索値に対応する値を取り出す
好きなもの	新しいバージョンのエクセル
嫌いなもの	古いバージョンのエクセル

君は何を欲する？
必ず見つけ出し、手に入れて差し上げよう。

数字を操る敏腕プロデューサー

SUMPRODUCTちゃん

特技	配列を掛け合わせて結果の合計を求める
好きなもの	暗算
嫌いなもの	出番のない表

列に余裕がないなど、
お困りの際にはお声がけください。

惣菜売場に舞い降りた余り物の女神

MODちゃん

特技	余りを求める
好きなもの	余り物に割引シールを貼る仕事
嫌いなもの	0で除算

お客さま～！
本日はたくさん余ってますよ～！

Index

著者プロフィール

筒井 .xls
(つついドットエックスエルエス)

経理業務で Excel と出会い、趣味で描いた Excel 関数の擬人化イラストを発信している会社員。2020 年 12 月に「関数ちゃんブログ」を開設し、Excel 関数の解説や便利な数式・機能を紹介する記事を執筆している。2023 年 1 月時点での擬人化キャラクターは 30 以上。Twitter でも Excel に関係する情報や、関係のないつぶやきを発信している。

関数ちゃんブログ
https://aka-aca.com/

Twitter アカウント
https://twitter.com/Tsutsui0524

本書のご感想をぜひお寄せください
https://book.impress.co.jp/books/1122101134

読者登録サービス
CLUB impress

アンケート回答者の中から、抽選で図書カード(1,000円分)などを毎月プレゼント。
当選者の発表は賞品の発送をもって代えさせていただきます。

ブックデザイン	山之口正和＋齋藤友貴（OKIKATA）
編集・制作	今井 孝
校 正	株式会社トップスタジオ
デザイン制作室	今津幸弘（imazu@impress.co.jp）
	鈴木 薫（suzu-kao@impress.co.jp）
編 集 長	小渕隆和（obuchi@impress.co.jp）

■ 商品に関する問い合わせ先

このたびは弊社商品をご購入いただきありがとうございます。本書の内容などに関するお問い合わせは、下記の URL または二次元バーコードにある問い合わせフォームからお送りください。

https://book.impress.co.jp/info/

上記フォームがご利用頂けない場合のメールでの問い合わせ先
info@impress.co.jp

※お問い合わせの際は、書名、ISBN、お名前、お電話番号、メールアドレス に加えて、「該当するページ」と「具体的なご質問内容」「お使いの動作環境」を必ずご明記ください。なお、本書の範囲を超えるご質問にはお答えできないのでご了承ください。
● 電話や FAX でのご質問には対応しておりません。また、封書でのお問い合わせは回答までに日数をいただく場合があります。あらかじめご了承ください。
● インプレスブックスの本書情報ページ https://book.impress.co.jp/books/1122101134 では、本書のサポート情報や正誤表・訂正情報などを提供しています。あわせてご確認ください。
● 本書の奥付に記載されている初版発行日から 3 年が経過した場合、もしくは本書で紹介している製品やサービスについて提供会社によるサポートが終了した場合はご質問にお答えできない場合があります。

■ 落丁・乱丁本などの問い合わせ先
FAX：03-6837-5023
service@impress.co.jp
※古書店で購入されたものについてはお取り替えできません。

関数ちゃんと学ぶエクセル仕事術
実務で役立つ Excel 関数を擬人化したら？

2023 年 3 月 11 日　初版発行

著　者　　筒井．ｘｌｓ ＆ できるシリーズ編集部
発行人　　小川 亨
編集人　　高橋隆志
発行所　　株式会社インプレス
　　　　　〒 101-0051　東京都千代田区神田神保町一丁目 105 番地
　　　　　ホームページ　https://book.impress.co.jp/
印刷所　　株式会社暁印刷